"十二五"职业教育国家规划教材
经全国职业教育教材审定委员会审定

高职高专旅游类专业系列教材

U0378155

CHUFANG GUANLI

SHIWU

厨房管理实务

（第二版）

王美◎主编

叶伯平 朱云龙◎副主编

清华大学出版社
北京

内 容 简 介

"厨房管理实务"是一门专业性、实践性、操作性极强的课程。本书以厨房一线各项具体工作的能力训练为重点，具体解决"怎样做"的问题，从而体现"在做中学"的教学理念。

本书属于高职高专层次的新编实用性教材，适合高等职业教育烹饪专业、餐饮管理专业和酒店管理专业的学生使用，还可作为饭店、娱乐、休闲、餐饮等行业从业人员的培训教材，对于餐饮经营者也有一定的参考价值。

图书在版编目（CIP）数据

厨房管理实务/王美主编. —2 版. —北京：清华大学出版社，2015（2021.3 重印）
高职高专旅游类专业系列教材
ISBN 978-7-302-36475-7

Ⅰ. ①厨… Ⅱ. ①王… Ⅲ. ①厨房–管理–高等职业教育–教材 Ⅳ. ①TS972.3

中国版本图书馆 CIP 数据核字（2014）第 099359 号

责任编辑：邓 婷
封面设计：刘 超
版式设计：刘晓阳
责任校对：马军令
责任印制：沈 露

出版发行：清华大学出版社
    网 址：http://www.tup.com.cn，http://www.wqbook.com
    地 址：北京清华大学学研大厦 A 座 邮 编：100084
    社 总 机：010-62770175 邮 购：010-62786544
    投稿与读者服务：010-62776969，c-service@tup.tsinghua.edu.cn
    质量反馈：010-62772015，zhiliang@tup.tsinghua.edu.cn
印 装 者：涿州汇美亿浓印刷有限公司
经 销：全国新华书店
开 本：185mm×230mm 印 张：16.5 字 数：296 千字
    （附 DVD 光盘 1 张）
版 次：2010 年 1 月第 1 版 2015 年 5 月第 2 版 印 次：2021 年 3 月第 7 次印刷
定 价：66.00 元

产品编号：056755-02

第二版前言

在 2014 年举行的中国发展高层论坛上,教育部副部长鲁昕在谈到中国教育结构调整和现代职业教育时强调,现代职业教育在人才培养模式上,要建设一个以就业为导向的现代职业教育体系;要面向生产一线培养以技术为基础的技能型人才;职业教育要淡化学科、强化专业,按企业需要、按岗位对接,做到"学中做、做中学"。

本教材的修订以职业能力培养为中心,以企业工作任务为驱动,以新时期厨房生产的方法为特征,以"必需、够用"为原则精选课程内容,以讲练结合为基本教学方法,围绕厨房管理的核心职业能力,以模拟企业经营活动为载体,将知识点、技能点落实在厨房生产运作的关键控制点上,满足行业对厨房基层管理者基本能力培养的需要。

本次修订的主要内容有:修订了部分概念,使之与新发布的行业标准保持一致。新增行业最新厨房设备的功能介绍,并将各类设备的使用方法以文字形式阐述改为采用设备标识卡进行说明的方式,后者为现代厨房生产安全关键控制点管理的有效方法。新增菜单设计的具体内容,特别针对目前餐饮行业菜单装潢设计"高成本、大尺寸、超重量"的弊端,展示了西方百年老店目前使用的"三开纸"菜单,体现了"倡节俭、亲民众、重长远"的餐饮经营观念。此外,本教材还根据现代物流、餐饮营运的特点,删除了第一版书中进行过介绍但目前厨房生产过程中不多见的流程，并增补了生产过程中的新流程和新案例。

本教材案例的编写邀请了多位生产一线的厨房管理者共同参与，书中的全部案例均来自他们亲历的真实事件，我们希望这些真实的案例能够对学生的学习及未来的就业上岗起到指导作用。我们以适合餐饮市场人才培养需求为目标来编写教材，期望本书的出版能够为搭建我国餐饮人才培养的"立交桥"、解决就业增长与就业包容性贡献绵薄之力。

编　者

第一版前言

高等职业教育的蓬勃发展，需要一批相应的高等职业教育的教材作为支撑。目前市面上许多高等职业教育教材，理论深度有余，职业特征不足，应用性、可操作性较差，因而不能满足高等职业教育的教学需要，严重制约了高等职业教育的发展。

厨房管理实务是一门专业性、实践性、操作性很强的专业课程，市面上的同类教材受作者阅历的影响，大多只告诉读者"应该做什么"，但却没有说明"应该怎样做"，导致空话多，可操作性差。本书以厨房一线各项具体工作的能力训练为重点，具体解决"怎样做"的问题，从而体现"在做中学"的教学理念。本书以工作过程为导向，强调职业能力培养；以真实工作任务和真实工作情境为背景，为学生营造"现场第一线"的工作氛围；以培养厨房核心能力为出发点，突出"职业化"特征。这种"工位性"的实践教材，能够使学生的综合应用能力迅速提高，协调发展。因此，本教材是一本适应高技能人才可持续发展，体现职业岗位分析和具体工作过程设计理念的厨房管理实用性教材。

本书由北京联合大学旅游学院王美老师任主编，上海师范大学旅游学院叶伯平老师、扬州大学旅游学院朱云龙老师任副主编，全国总工会职工大学刘总路、北京联合大学旅游学院郭晓赓、北京西苑饭店余建华、北京新世纪酒店崔红军、北京建国饭店马辉、北京费尔蒙酒店玉晨辉、北京竹院宾馆王万想等参编。

本书在编写过程中得到了北京全聚德集团杨光先生和北京和平宾馆叶红娟女士的热情帮助。本书配套光盘得到了 ALTO-SHAAM Inc.、伊莱克斯商用电器（上海）有限公司、北京市新丽厨房设备有限公司、大昌华嘉（中国）商业有限公司、北京市澳际智能消防安全工程有限责任公司和北京三缘恒信文化发展有限公司等多家单位的支持，在此一并表示感谢。

本书属高职高专层次的新编实用性教材，适合高等职业教育层次烹饪专业、餐饮管理专业和酒店管理专业的学生使用。

由于编者水平有限，书中不妥和错误之处在所难免，恳请广大读者提出宝贵意见和建议。

编　者

2009 年 6 月

目 录

第一章
厨房概述

厨房泛指酒店制作饭菜的场所。本书所指的厨房，特指经营者为了满足客人的饮食需要而特定设置的用来从事烹饪活动，生产菜肴、点心的场所。厨房聚集着烹饪技术人才，各种厨房生产设备、设施，丰富多样的食品原材料以及能够使设备、设施运转的煤、水、电、气等各种能源。厨师、生产设备工具、烹饪原料和相应的能源是构成厨房的基本要素。

传统厨房指分工较为模糊，人随物动，作业方式随机，厨房设计呈块状结构，每一厨房均设置完整的工艺职能体系的场所。传统厨房一般均设置独立的粗加工间、切配及热菜烹调间、冷菜间、面点间，这虽然便于人员管理和厨房成本的独立核算，但就酒店整体来说，在人员配备、设备利用、原料控制、质量保证和标准化管理方面均显现出不足。

现代厨房指以"充分利用企业资源，发挥最大劳动效率"为原则，通过资源整合、流程再造，使人员、设备、场地、原料多重组合、综合利用的场所。中央厨房的出现就是传统厨房转向现代厨房的具体表现。

中央厨房（或称中心厨房）是指为统一产品品质，将企业各厨房工艺流程中需要的相同产品集中加工、制作成半成品的厨房。例如：同一酒店集中设置的粗加工厨房、配汁厨房、面点厨房，连锁经营的餐饮企业集中设置的半成品供给中心等。设置中央厨房是现代厨房管理的趋势，中央厨房加工、制作的半成品分送到一线厨房，这样可以统一原料加工规格，从而保证产品质量；可以综合利用原料，从而进行成本控制；可以集中领购原料，从而集中审核控制总量；可以提高劳动效率，从而节约劳动成本；可以集中清运垃圾，从而保障环境卫生。

第一节 厨房生产运作的特点

厨房是酒店唯一生产实物产品的部门，在产品的生产过程中有以下特点。

 **一 生产特殊商品**

厨房生产的实物产品既有别于其他工业产品，也有别于酒店其他的服务产品。厨房产品有一定的特殊性，主要表现在以下五个方面。

1. 非批量生产

厨房每天需要提供多种菜点，这些菜点在色泽、口味、质感、造型、温度、出品时间等方面均不相同。客人就餐时，往往会对菜点提出特殊要求，因而厨房生产的同一道菜点也有可能存在差异。

2. 即时销售

厨房产品是生产、销售、消费三方同时进行。销售出去的厨房产品是商品，而未售出的产品只能划入成本作为支出。

厨房产品的销售受时间和场所限制，开餐时间未能销售的产品在非开餐时间受到限制，这也限制了厨房产品的销售数量。同样，销售量还受生产场所的限制。如果厨房狭小，应有的设备不足，厨房人员相对缺乏，在开餐高峰时，菜点的生产量也必定会受到影响。

3. 众人合作生产

厨房产品从采购到销售的全过程，不可能由某一个人独立完成，它是集体智慧的体现，是众人合作的成果。在采购、保管、加工、切配、烹调、销售的程序链中，任何一节断裂或者衔接出现问题，都不可能有完美的作品问世。

4. 生产量变化不定

厨房生产的产品是先有消费者后进行生产。由于消费者经常会受到天气、季节、交通、节假日等多种因素的影响而发生变化，这就使厨房的生产量难以预计，从而给厨房的备料、人员安排和管理带来一定的困难。这就需要厨房的管理者根据以往的销售资料和生产经验对生产量做出较为准确的估计。

5. 产品难以保存

厨房产品受温度、质感、香气、色泽的影响，必须在短时间内消费完毕，没有保质期的概念。同样，厨房产品的原料也受新鲜度、质感、卫生安全等因素的影响，不能长期保存。

二 成本构成多变

厨房产品成本的构成与其他工业产品成本的构成不同，主要表现在以下四点。

1. 核算内容不同

广义的成本是指企业为生产各种产品而支出的各项耗费之和。工业品的成本包括企业在生产过程中原材料、燃料、动力的消耗，劳动报酬的支出，固定资产的损耗等。

由于餐饮企业具有集生产、销售、服务于一体的行业特点，在厨房范围内很难逐一精确计算出菜点的所有支出。因此，在厨房范围内，菜点的成本只计算直接体现在菜点中的消耗，即构成菜点的原材料耗费之和，它包括食品原料的主料、配料和调料。而生产菜点过程中的其他耗费（如水、电、燃料的消耗，劳动报酬，固定资产折旧等）都作为"费用"处理。这些"费用"由企业会计另设科目分别核算，在厨房范围内一般不进行具体计算。

2. 原料属性不同

多数工业产品及其原料不受季节限制，一般仓储条件及时间的长短对产品本身成本变化的影响不大。而厨房产品不但受原料季节限制，还受原料产地、品质、品种变化的限制，这些均是厨房产品成本变化的因素。

3. 受加工技术水平制约

厨房成本与厨师对原料的加工技术水平和烹调技术水平有关，因为厨师的加工技术水平和烹调技术水平直接影响原料的出成率、损耗率，从而使产品成本发生变化。

4. 成本泄露点多

厨房使用的烹饪原料大多是鲜活原料，在运输、储存、加工过程中如果保管不善极易腐烂变质。厨房生产的菜点如不能及时销售，不但容易被细菌、灰尘污染，不能销售，也容易被内部职工消耗。"长明灯"、"长明火"、原料丢失等管理上的盲点都会导致厨房成本提高、利润下降。

■三 质量难以稳定

1. 随意性大

厨房生产多为手工操作，每一位厨师由于接受教育的程度和渠道不同，所以其对原料的加工技术水平、烹调技术水平以及技术熟练程度有差异。即使是同一位厨师在生产制作同一菜点时，也可能因体力、情绪、环境等因素而造成产品质量的差异。另外，每位厨师对菜肴的理解不同，所用原料、配料切配的形状、大小，调料的种类，菜肴的成熟度和装盘的形式也不同。由此可见，厨房产品的这种随意性造成了产品质量变化不定。

2. 原料差别

我国南北地域广阔，同种烹饪原料由于产地不同、上市季节不同、品种不同而在烹饪中发生不同的变化，使产品在口感、气味、颜色等方面发生变化，从而造成产品质量不稳定。

3. 工序繁多

厨房菜点的生产具有一定的协作性，每一道菜点都是众多工序各环节互相配合、有机衔接的成果。如果前一道工序有瑕疵，必然影响下一道工序的顺利生产，从而使产品质量难以稳定。

■四 工作环境艰苦

1. 工作条件艰苦，危险因素较多

厨房由于生产需要，常常是设备运转声、砧板切配声和煤火烹炒声等各种噪声交织在一起，使厨师极易感到疲劳、烦躁；厨房生产无论是冬季开餐时的严寒，还是夏季开餐时的酷热，都必须坚持不断，长时间的强体力劳动，往往使厨师恢复体力困难；厨房生产使用的电、气、火、油、刀等，在生产过程中稍有不慎，都有可能成为事故隐患。而多数酒店都将采光好、通风透气的楼层和朝向让给了客人用房，而将厨房设置在背阴地带，有些厨房甚至设置在酒店地下、拐角或不规则的建筑区，工作环境更为艰苦。特殊的位置，常常使员工产生压抑、烦躁和不安的心理，对其身心健康产生不利影响。

2. 技术不易掌握，少有升迁机会

厨师的技术水平需要长时间的培养、训练才可获得。有人说，三五年可以训练出一个

好车工、好钳工，但十年未必能培养出来一个优秀厨师，这是有道理的。厨师总是在后厨默默无闻地工作，接触外界面窄而固定，每日与他们相伴的往往是冷冰冰的设备用具，很少有与社会交流、与客人接触、与同行打交道的机会，因此他们的劳动表现、工作业绩也常被埋没或无法及时得到认可和肯定。这种工作特点又决定了多数厨师不善于展示、表现自己，导致少有升迁机会。

第二节　厨房组织机构

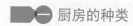 厨房的种类

1. 按厨房规模划分

（1）大型厨房。大型厨房是指能服务 1 500 位客人同时用餐的厨房。它由多个功能不同的厨房组合而成。生产规模大，经营风味多，厨师分工明确，机械设备配置齐全，生产场地较为开阔是大型厨房的主要特征。

（2）中型厨房。中型厨房是指能服务 300 ～ 500 位客人同时用餐的厨房。它也由几个功能不同的厨房组合而成，与大型厨房相比，其生产能力相对较弱，厨师分工相对集中。

（3）小型厨房。小型厨房是指能服务 300 位以下客人同时用餐的厨房。它生产菜点的风味比较单一，厨师分工综合性强，厨房占地面积相对较小。

（4）超小型厨房。超小型厨房通常指为酒店豪华套房和为酒店的商务楼层配置的微型厨房。这种厨房在生产功能上只能做一些简单的冷热加工。

2. 按餐饮风味类别划分

（1）中餐厨房。中餐厨房是生产中国不同地方、不同风味、不同风格菜点的厨房，如广东菜厨房、四川菜厨房、江苏菜厨房、山东菜厨房、宫廷菜厨房、清真菜厨房、素菜厨房等。同一酒店中上述厨房可同时并存。

（2）西餐厨房。西餐厨房是生产西方国家风味菜肴及点心的厨房，如法国菜厨房、俄罗斯菜厨房、意大利菜厨房等。我国酒店中通常只有一两个西餐厨房。

在高星级酒店的西餐厨房范畴内，还有咖啡厅厨房和扒房的概念。咖啡厅厨房是制作西式快餐以及小吃和饮品的厨房，该厨房具有营业时间长（通常 24 小时营业，负责做夜宵）、

设施配备全、生产出品快的特点。扒房是具有明火烧烤加热（扒肉、扒海鲜、扒蔬菜）功能的西餐厨房，主要设备是扒炉。

（3）其他风味菜厨房。生产制作某个特定地区、特定民族的特殊风格菜点的厨房，如日本料理厨房、韩国烧烤厨房、泰国菜厨房等。

3. 按厨房生产功能划分

厨房生产功能，即厨房主要从事的工作或承担的任务，它是与对应营业的餐厅功能和厨房总体工作分工相吻合的。

（1）加工厨房。加工厨房又称初加工间或粗加工间，是负责对各类鲜活烹饪原料进行初步加工（宰杀、去毛、洗涤）、对干货原料进行涨发，并对原料进行初步刀工处理和适当保藏的厨房。

有些大型餐饮企业或酒店为对原料进行标准化管理，有效节约劳动成本和费用，将加工厨房设置为中央厨房，负责企业全部食品原料的初步加工。由于加工厨房每天进出货物、垃圾和用水量较多，因而应将其设置在酒店的低层，便于货物进出和排污处理。

（2）热菜厨房。热菜厨房在中餐厨房又称零点厨房或热菜间，在西餐厨房又称主厨房。热菜厨房主要负责散客零点和小型宴会菜肴的制作。由于该厨房对应的是零点餐厅，客人随意选择菜点的品种变化不定，所以厨房开餐前后工作量大，开餐时间工作繁杂，厨房内设备设施齐全，场地空间也相对充裕。

有些企业为保证宴会的规格和档次，将热菜厨房设置成"宴会厨房"，专门为宴会厅生产烹制宴会菜肴。但是由于高档次的宴会并非每餐都有，所以多数酒店将几个热菜厨房中的一个指定为宴会厨房，负责各类大、小宴会厅和多功能厅的开餐任务，同时也制作会议餐、团队餐。宴会厨房按生产功能划分，仍然属于热菜厨房。

（3）冷菜厨房。中餐将冷菜厨房称为冷菜间，西餐将冷菜厨房称为冻房。它是加工制作冷菜的厨房。

由于冷菜的制作程序与热菜不同，一般多为先加工烹制，再切配装盘，所以冷菜厨房实际上是热烹与冷配两个厨房的组合，即冷菜烹调制作厨房和冷菜切配厨房，它们分别负责加工卤水、烧烤、腌制、烫拌冷菜和成品冷菜的装盘与出菜。该厨房在设计上对卫生、温度和工作环境等有更加严格的要求。

通常情况下，冷菜厨房在体现热烹功能方面与热菜厨房在设计上应统筹考虑。

（4）面点厨房。中餐通常将面点厨房称为面点间或白案，西餐将其称为点心房或包饼房。该厨房主要负责面食、点心和主食的制作。西餐的面点厨房有时根据功能差别，又将包饼房单独设置为包房、饼房、巧克力房和冰激凌房。

二 厨房组织机构的设置

厨房组织是明确厨房各部门职能，实行生产分工，明确员工岗位和职责，表明各部门生产范围及其协调关系，为厨房生产和管理服务的网络关系。

一个厨房的岗位设置、员工招聘、组织机构建立是实现厨房生产目标和任务的前提。厨房组织机构的设置关系到厨房的生产形式和完成生产任务的能力，关系到厨房的劳动效率、菜点质量、信息沟通和职权的履行。

1. 大型厨房的组织机构

大型厨房的组织机构由若干不同职能的厨房组成，部门齐全，分工细致，责任明确，为了提高厨房工作效率，稳定产品质量，有效控制原料成本和劳动力成本，大都设置中央厨房。在这种厨房的组织机构中,通常设置行政总厨办公室来指挥整个厨房系统的生产运行,其组织机构如图 1-1 所示。

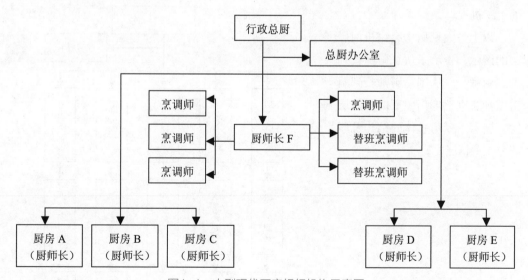

图1-1　大型现代厨房组织机构示意图

图 1-1 表示整个厨房的组织系统从行政总厨到各厨房的指挥系统。厨房 A、B、C 分别代表了中餐的各种风味厨房，由各厨房的厨师长具体管理；厨房 D、E 分别代表了西餐的咖啡厅厨房、西餐热菜厨房等，也由各厨房的厨师长具体管理；厨师长 F 代表了具有特定生产功能的中央厨房（加工厨房或面点厨房、肉房、汁房等），为各分厨房供给企业自制的半成品，分厨房根据各自的菜单，将主厨房提供的半成品烹制成成品供应各自的餐厅。如图 1-2 和图 1-3 所示为具体厨房的组织机构。

以上是大型厨房组织机构层次的图示，表示了从总厨师长到副总厨师长，从副总厨师长到厨房厨师长直至部门领班的指挥层次，展示了厨房整体的结构及职能分工的情况。

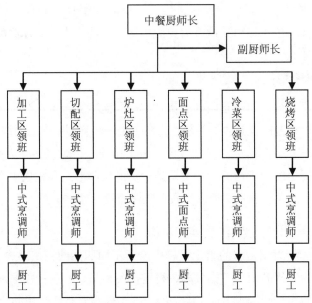

图1-2　中餐厨房组织机构示意图

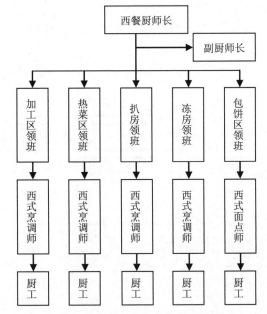

图1-3　西餐厨房组织机构示意图

2. 中型厨房的组织机构

中型厨房通常也分为中餐和西餐两部分，但厨房的规模相对要小些，由总厨师长管理整个厨房，通常有一个中餐厨房和一个西餐厨房，每个厨房兼有多种生产功能，其组织机构如图1-4所示。厨房组织机构中的厨师助手通常由实习生和刚进入厨房工作的新员工担任，接受厨师的指导。

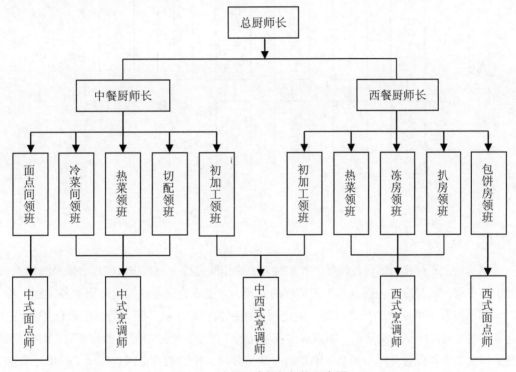

图1-4 中型厨房组织机构示意图

3. 小型厨房的组织机构

小型厨房由于规模小，机构比较简单，不必细分部门。厨房由一名非脱产厨师长对厨房生产进行监督和指导，并配备若干名厨师和助手。图1-5所示为小型厨房组织机构，这种机构的特征是从管理者到员工，由直接的指挥命令关系连接在一起，因此，机构简练，权力集中，命令统一，决策迅速，相互间沟通容易，较易组织管理。

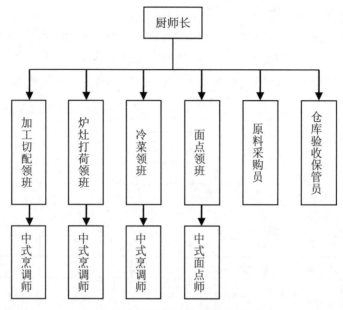

图1-5 小型厨房组织机构示意图

三 厨房各工作单元的任务

厨房的生产运作是厨房各岗位、各工种通力协作的过程。原料进入厨房必须经过加工、配份、烹调，以及冷菜、面点等工艺流程的处理，才能成为成品。因此，厨房各工种、各岗位都承担着不可或缺的任务职能。确定厨房组织机构后，就必须将各项生产任务定性、定量地落实到每一工作单元中。制定厨房各单元的工作任务是厨房管理实务最基本的内容。制定厨房工作单元任务的目的是：明确划分厨房各项工作的职责范围；明确工作单元规定的工作职责、组织关系、技能要求、工作程序和标准；明确员工在组织中的位置、工作范围、工作职责和权限。

厨房各工作单元的职能以企业规模的大小和经营菜点的风味不同而有所区别。厨房规模越大，各部门功能越专一，而中、小型厨房各工作单元的有些功能则应尽可能合并。

1. 加工作业区

加工作业区是原料进入厨房的第一生产区域，负责烹饪原料的初加工，向切配组提供净料，主要工作是将蔬菜、水产、禽畜、肉类等各种原料进行拣择、洗涤、开生和整理；干货原料的涨发、洗涤、处理也在该作业区域完成。需要说明的是：由于食品加工产业的不断发展和食品配送业务的兴起，未来的厨房，加工作业区的任务会越来越少，甚至消失。

加工作业区的生产任务主要有以下几种。

（1）负责厨房所需的家禽、家畜、野味、水产品的开生、煺毛、洗涤等初加工，负责所有蔬菜的削、刮、剥、择等洗涤加工，负责各类干货原料的涨发、洗涤和处理。

（2）熟练运用各种刀法，严格按照加工标准和加工规程对大宗常用原料切割成型，并进行基础腌酱。注重下脚料的回收，做到物尽其用。

（3）根据各厨房生产所需原料的正常供应量和预计量，决定原料加工的品种和数量，并保证及时、按质、按量供给各厨房作业区。

（4）正确掌握各种加工设备，如真空机、锯骨机、绞肉机等的使用方法，并负责清洁。

（5）将加工好的原料及时分类，按区域分温度保存加工好的原料，保证原料质量。

（6）对本区域内的刀具、砧板、肉类盛装器皿进行清洁消毒。

（7）认真核对领货单，准确发料。

2. 切配作业区

切配作业区是原料初加工后的第一道工序作业区，主要负责原料的精细加工成型与配份。切配对企业成本的控制起着决定作用，因为菜肴的数量规格是由切配部门控制的。

切配作业区的生产任务主要有以下几项。

（1）负责将领进的原料进一步做刀工细处理。根据菜单要求和配份标准进行配份，使之成为一份完整的菜肴原料，及时送炉灶区烹制。

（2）负责热菜装饰物的准备、保鲜和卫生保证。

（3）控制菜肴的配制数量和质量，控制成本。

（4）开餐结束后，对剩余的半成品原料和剩余的成品菜肴进行恰当处理，减少损耗。

（5）保持切配作业区内冷藏设备及其他设备工具的清洁。

3. 炉灶作业区

炉灶作业区是对菜肴口味、质量起关键作用的生产区域，其工作质量直接影响企业的经济效益和社会效益。炉灶作业区负责将加工、配份好的半成品原料烹制成菜肴，并及时提供给客人。

炉灶作业区的生产任务主要有以下几项。

（1）负责将配份好的半成品烹制成菜肴，并及时提供给餐厅。

（2）按照菜肴的制作程序、口味标准、装盘标准等进行合理烹制，以保证菜肴质量的稳定性。

（3）负责基础汤、清汤的制作。

（4）保持炉灶作业区内厨房设备、工具的清洁。

（5）完成冷菜的熟制。

（6）负责高档菜肴的客前烹制服务。

传统厨房菜肴的兑汁工序在这一区域由厨师单独各自完成；但现代厨房为保证菜肴口味一致，许多菜肴的味汁则由有经验的厨师专人提前统一兑制，所以将兑汁工序单独划出区域。如有些酒店厨房单独设立"汁房"，负责厨房主要味汁的兑制，这一方面是为了统一菜肴口味、明确责任，另一方面也是为了保守企业机密。

4. 冷菜作业区

冷菜作业区负责凉菜的刀工处理、烹调、腌制、改刀、装盘，蔬果雕刻的制作和供应工作，通常还负责早餐小菜的供应、粤菜的烧腊等。

冷菜作业区的生产任务主要有以下几项。

（1）制作各式冷菜，切配、装盘各种冷菜。

（2）制作早餐小菜和餐前开胃菜。

（3）负责三明治的制作（西餐厨房）和外带餐的装盒。

（4）负责果盘和鲜榨果汁的制作。

（5）负责冷菜装饰物的制作。

（6）保持冷菜作业区内厨房设备工具的清洁。

（7）每日负责使用消毒灯对作业区内的设备和环境进行消毒。

5. 面点作业区

面点作业区主要负责各类面食、点心和主食的制作，有的点心部门还兼管甜品、炒面类食品的制作。西餐面点厨房负责各类面包、糕点、巧克力、甜品等的制作与供应。

面点作业区的生产任务主要有以下几项。

（1）负责制作各种面食、点心、主食、面包等。

（2）负责制作各式甜品（包括巧克力、冰激凌等）。

（3）负责广式茶市的茶点及小吃的制作。

（4）保持面点作业区设备工具的清洁。

（5）负责面塑、黄油雕、冰雕和糖艺等装饰物的制作。

第三节　厨师长的资质与职责

厨师长是厨房管理的核心，餐饮企业的成败和声誉在很大程度上取决于厨师长的业务素质和组织管理能力。厨师长是集管理学、食品科学、烹饪技艺于一身的高素质技能人才，在餐饮企业占有举足轻重的地位。

一　厨师长的基本素质

1. 职业素质

（1）具有管理科学、人文科学知识，具备不断提高的餐饮经营和管理的能力。

（2）具备良好的身体素质与心理素质，能适应厨房艰苦的工作环境，能够应对厨房中各种突发事件。

（3）具有过硬的烹饪技术技能，在厨房"食品工程"中承担"总工程师"的角色。

（4）具有引进新技术、开发新原料、接受新事物的意识。

2. 品德素质

（1）具备良好的职业道德和职业修养。

（2）遵守国家法律法规，注重食品卫生与安全。

（3）对企业忠诚，工作认真，责任心强。

（4）谦逊、宽容、耐心、细致，有良好的个人魅力和感召力。

3. 能力素质

（1）有良好的沟通能力、协调能力、组织能力和语言表达能力。涉外酒店的厨师长应具有良好的外语沟通能力。

（2）具有一定的计算机应用能力。能够通过互联网了解行业信息、查阅资料、营销产品、宣传企业。

（3）对菜肴的色、香、味、形、器、声等方面有审美和鉴别能力。

（4）有旺盛的求知欲和自学钻研能力，善于总结，对菜肴有创新能力。

二 厨师长的岗位职责

1. 制订工作计划

（1）根据市场食品供应、厨房设备、库存及企业技术情况，做好特选菜和推销菜的筹划。

（2）严格控制厨房库存和剩余食品，根据销售预测和每日餐厅预订情况，做好日常生产任务的下达计划。

（3）制定厨房食品安全生产运行程序和岗位职责规范。

（4）对大型宴会亲自制定菜单，联合采购部门制订进货计划和生产安排。

（5）根据生产要求，制订厨房设备、常用工具的更换和添置计划。

（6）负责制定标准菜谱、产品规格和各流程的生产规格；制订厨师业务培训计划。

（7）联合采购部门一同制定原料的质量规范，保证全部原料符合质量和卫生标准。

（8）参与各餐厅菜单的策划和更换工作。

（9）参与餐饮管理中各项检查工作所用表格的制定工作。

（10）制定年度预算并用预算来控制成本费用。

（11）制订全年固定节日及特殊食品节推广计划。

2. 严格组织管理

（1）组织和指挥厨房各项工作，要求厨房按规定的成本生产优质产品，满足客人的一切合理需求。

（2）明确餐饮部的经营目标、方针，下达生产指标。

（3）负责厨师考核、评估，并根据工作实绩进行奖惩。

（4）明确厨房各项规章制度和直接下属的岗位职责。

（5）熟悉每位厨师的业务能力和技术特长，决定各岗位的人员安排和工作调动。

（6）做好厨师业务培训工作和档案管理工作。

（7）签署有关工作方面的报告与申请。

（8）参与厨房员工的招聘工作。

（9）协调下属部门与其他部门的关系。

3. 检查、监督各项工作

（1）检查厨房开餐前的各项准备工作。

（2）检查菜点的制作工艺和操作规范。

（3）检查每份菜肴的数量规格。

（4）检查装盘规格和盘饰要求。

（5）检查生产过程的卫生情况。

（6）检查菜点制作速度和菜点温度。

（7）检查控制菜点制作工艺的原料利用、储藏情况，保证菜肴符合成本核算要求。

（8）检查厨房环境和生产过程中的安全情况。

（9）检查员工的仪容仪表和个人卫生，使之符合饭店的要求。

（10）检查下属出勤情况，核准加班单。

（11）检查指导大型宴会菜品的制作，保证获得信誉和盈利。

4. 指导菜点开发、销售

（1）确立新产品的开发、试验和运作方面的计划，树立本店的餐饮风格。

（2）定期征求餐厅对产品质量和生产供应方面的意见，并将意见实施解决。

（3）对直接下属规定与餐厅之间的工作关系，并进行菜点销售方面的指导。

（4）重视客人意见，处理客人对厨房生产方面的投诉。

（5）及时了解客人口味和用餐方式的变化，从而更换菜谱，使之符合客人的要求。

（6）及时了解不同季节的市场供应情况，以便使菜单内容丰富，时令品种多，更能吸引客人。

本章案例

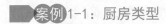 案例1-1：厨房类型

1. 案例综述

小张经过大学四年的深造学到了很多管理理论和专业知识，以优异成绩毕业后，应聘

到一家连锁餐饮企业的总部，协助行政总厨做市场运营管理工作。她在暗访一家下属连锁店时发现，服务员将刚炸出锅的油条端给客人，客人只咬了一口便要求更换，因为吃着有氨臭味。服务员马上与后厨联系更换。但是更换后的油条仍然有味，客人再次提出意见，并要求厨房领班给出说法。领班无可奈何地说："我很愿意解决这个问题，但是没办法。等凉了再吃就没有氨味了。"客人诧异："油条怎么能凉着吃？"于是要求退货。

2. 基本问题

（1）为什么更换的油条仍然有氨臭味？

（2）为什么厨房领班无法改变现状？

（3）小张应该向行政总厨提出怎样的建议？

3. 案例分析与解决方案

（1）更换的油条仍然有氨臭味的原因

为统一产品品质，一些企业将各厨房工艺流程相同的产品集中加工、制作成半成品供给分厨房使用。该连锁店使用的就是油条面坯半成品，所以再次炸出的油条仍然有氨臭味。

（2）厨房领班无法改变现状的原因

因为该连锁店的全部半成品来自总部的中央厨房。虽然设置中央厨房对于保证产品质量、综合利用原料、节约劳动成本、保障食品卫生与安全具有积极意义，但是一旦中央厨房设计生产的产品出现问题，各分厨房就无法改变。

（3）建议

① 设置中央厨房是现代厨房管理的趋势，连锁经营的该企业应该继续坚持设置现有的中央厨房。

② 组织技术人员通过实验，改进油条配方。

案例 1-2：厨房组织结构

1. 案例综述

李先生在与餐饮毫不相干的行业干了十几年，最近想转型投资餐饮企业，因为他认为餐饮行业准入门槛低，经营上只要饭菜好吃，客人就会源源不断，进而财源也会源源不断。他于是在朋友的参谋下选址、装修、进设备，一座能容纳 280 人同时用餐的酒楼很快就建成了。

李先生认为某些酒楼之所以倒闭，是因为饭菜质量不高，而饭菜质量不高的根本原因主要是经营者舍不得花大价钱招聘技术水平高的厨师，所以造成现在许多厨房"高级工看、中级工转、初级工干"的不良习气，所以他决定只招聘持有高级厨师证书的厨师，"让高级工干起来"，这样不仅能保证饭菜质量，还可省去培训的麻烦，便于厨房管理。于是他在人才招聘网上公布了本店厨房组织机构的框架（见图1-6），希望通过招贤纳士，使酒楼的生意红火起来。

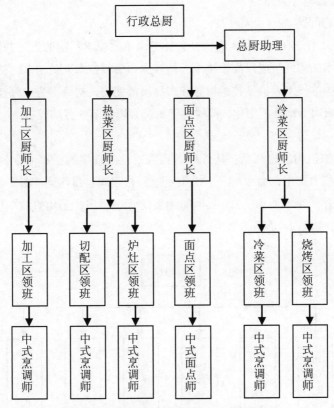

图1-6　李先生设计的厨房组织机构框架

2. 基本问题

（1）从理论上分析本案例的组织机构框架设置是否合理，为什么？

（2）从实践上分析只招聘高级工能否保证产品质量，为什么？

（3）请重新设计该厨房人员组织机构图并加以说明。

3. 案例分析与解决方案

（1）组织机构设置问题

该厨房组织机构设置不合理。因为从理论上讲供280人同时用餐的厨房属于小型厨房，小型厨房由于规模小、机构简单，组织机构设置采用单层直线制即可，不必细分区域厨师长。

小型厨房由一名非脱产厨师长对厨房生产进行监督和指导，配备若干名厨师和助手即可满足生产运作需要。

（2）厨师招聘问题

厨房的劳动分工是有技术层次的，开餐任务由不同技术层次的员工共同完成。实践证明：厨房厨师技术结构的组成以高级技术人员较少、中等技术人员稍多、初级工最多为宜。高级技术人员为中等技术人员做技术指导和产品质量把关，初级工为中等技术人员做助手，这样不仅有利于厨房劳动分工细化，同时便于厨房管理和节约劳动成本。

（3）组织机构设置

小型厨房组织机构的特征是：从管理者到员工是由直接的指挥命令关系联结起来的，因此机构简练，权力集中，命令统一，决策迅速，相互间容易沟通，易于组织管理是小型厨房组织机构设置的基本要求。280人同时用餐的小型厨房，采用直线单层制组织设置最有利于厨房管理，如图1-7所示。

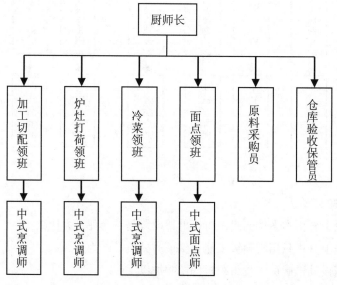

图1-7　直线单层制组织设置

案例1-3：厨房生产运作的特点

1. 案例综述

明月酒店近些年厨房经营利润下滑，新上任的酒店经理认为原因是菜品老化和厨房员工人浮于事造成的，于是决定辞退部分厨师，更换零点菜单。

张师傅是新上任的行政总厨，经过厨师背对背地对工作态度的相互打分，聘请行业专家对厨师技术水平的评分，采用末位淘汰的方法，辞退了不合格的厨师。又经过一个多月的调研与策划，通过对新菜品的试制、拍照、成本核算和排版印刷，新菜单终于设计完成。

具有地方特色新菜的推出，使很多顾客慕名而至，生意逐渐红火起来。由于客人不断，员工工作时间不得不延长，已经连续两周停休。可月底结算时，却被告知实际利润没有增加。经理非常纳闷，挣的钱都到哪里去了呢？他仔细地把各种开销支出核对了一番，发现食物原料成本比以往增加了一倍，餐具损耗也有所增加。刚刚从食品厂调进的专业会计也说她核算的每个菜肴的成本远远高于行政总厨上报的成本。

带着疑问，经理走进了厨房，他看到厨房里到处放着丢弃的剩料：只掏了半个心的南瓜、做冬瓜盅切下的冬瓜肉、被扔到一边的带着大块肉的骨头、垃圾桶内有许多破碎的瓷片……

2. 基本问题

（1）分析厨房管理上的失误。

（2）分析利润低的原因。

（3）会计所说的菜肴成本高与经理发现的成本高内涵一致吗？

3. 案例分析与解决方案

（1）管理缺陷

① 管理者忽视了厨房工作条件艰苦的现实。厨房管理者必须清醒地认识到厨房生产的特殊性与艰苦性，要关爱厨师。

② 忽视了厨师技术不易掌握的实际。厨师的技术水平需要长时间的培养、训练才可获得，轻易辞退部分厨师的做法值得商榷。

（2）利润低的原因

① 表面原因：新菜推出后，厨房原料管理没有及时跟上，造成厨房里的浪费现象。

② 内在原因：生意火爆，工作时间延长，员工体能消耗较大。如果没有相应的激励手段，则会影响员工士气。当员工士气低落时就会出现原料、调料浪费多，事故频繁发生（瓷

器破碎率高），牢骚、不满增加等现象。

（3）成本核算的差距

厨房菜点成本的构成与工业产品成本的构成不同，主要表现为核算内容不同。工业产品的成本包括原材料、燃料、动力的消耗，劳动报酬的支出，固定资产的损耗等。而在厨房范围内，菜点的成本只计算直接体现在菜点中的消耗，只包括食品原料的主料、配料和调料。生产菜点过程中的其他耗费，如水、电、燃料的消耗，劳动报酬，固定资产折旧等都应作为"费用"处理。这些"费用"由企业会计另设科目分别核算，在厨房范围内不进行具体计算。由此可见会计使用的成本核算方法实际上是工业品生产的核算方法。

经理所说的成本高是指厨房生产中的原料浪费。

案例1-4：厨师长的基本素质

1. 案例综述

2008年年底，某合资饭店引进了外方行政总厨，为了便于交流管理，饭店准备在中餐厨房中选拔新厨师长，凡是在厨房工作十年以上的员工均可竞聘。现已30岁的普通厨师小娄，初中毕业后一直在中餐厨房热菜间工作，已经工作14年，他烹制热菜的技术一流，对热菜间的工作岗位、工作范围和工艺流程等了如指掌。

小娄准备参加厨师长的竞聘，并主要从以下几个方面进行竞聘演讲的准备：① 通过对现有菜谱中最畅销菜肴制作方法的叙述，表明自己对厨房重要技术、技能的掌握程度；② 通过对未来厨房排班的设想，表明自己对热菜间组织结构和工作内容的熟悉程度；③ 通过设计新菜肴，展示自己在创新菜点方面的独特见解。但是，小娄最终没有通过厨师长的竞聘。

2. 基本问题

（1）客观评价小娄的技术水平。

（2）小娄是否具备对厨房管理的能力？

（3）小娄还应在哪些方面加紧学习、锻炼自己？

3. 案例分析与解决方案

（1）小娄的技术水平

小娄一直在热菜间工作,已经适应了厨房艰苦的工作环境;十多年的烹调技术工作实践,对创新菜点的独特见解,说明他对厨房菜点的生产技术基本掌握。可以说小娄是一名热菜烹调技术较高的厨师。

（2）小娄的管理能力

小娄虽然工作时间较长,对热菜间的具体工作熟悉,但他没有领班等基层领导的实践经验。现代厨房的厨师长应该具有食品科学、管理科学知识,初中毕业即工作的他在厨房"食品工程"中还不能承担"总工程师"的角色。另外,在制订工作计划、严格组织管理、全面控制生产过程等方面都没有实际的工作经验,因此用现代厨房厨师长的标准衡量,不能断定他具备对厨房管理的能力。

（3）小娄应努力的方向

① 职业素质方面,应加强食品科学、管理科学知识的学习,提高餐饮经营和管理能力。
② 能力素质方面,应加强外语沟通能力的训练。

■ 案例1-5:厨师长的岗位职责

1. 案例综述

新年伊始,高职学生小季进入酒店实习,被分配在厨房工作。进入厨房的第一天,有两件事引起了他的疑虑:第一,厨师长邢师傅比其他员工早上班半小时,将库房和冰箱剩余的原料查看一遍,对照进货单,列出当日推销菜品种,并让小季将"今日推销菜"的菜单送至餐厅经理处,同时将一份"购置餐具加热保温设备计划申请"送到餐饮部;第二,正餐开餐前,邢师傅让小季将部分餐盘、汤碗放入蒸箱,设置80℃温热,有些菜上菜时用这些温热的餐盘、汤碗装盘。这两个疑虑还未找到答案,前面餐厅接到投诉,原因是,客人进店后说明40分钟后要赶火车,问是否来得及上只烤鸭,服务员从烤鸭售价较高的角度考虑,立刻满口答应就下了单,但40分钟过去了,烤鸭还未上桌,客人不能等了,就在餐厅大吵起来。

2. 基本问题

（1）厨师长确定当日重点推销菜的依据是什么?

（2）为什么要将餐具放入蒸箱中温热,目的是什么?

（3）客人投诉,责任在谁?

3．案例分析与解决方案

（1）邢师傅是根据厨师长工作计划职责中，"根据市场食品供应、厨房设备、库存及企业技术情况，做好特选菜和推销菜的筹划"。一早看看冰箱和库房就是要根据现有库存原料的情况，将库存较多的原料、即将超过保质期的原料、近期进货价格较低的原料作为今日特选菜和推销菜重点进行推销。

（2）在厨房菜点品质标准中，温度是一项重要指标。通常热菜要热、要烫，热炒、爆炒菜肴出品时必须保持 60℃～70℃；煲仔类菜品（除特殊情况跟明炉外）温度必须达到 70℃～80℃；煎炸类、烤制类点心必须达到 60℃～70℃；蒸制类面点必须达到 50℃～60℃；卤水、烧烤类菜肴必须达到 60℃～70℃。厨师长检查、监督各项工作的职责中规定：厨师长要"检查出品菜点的制作速度和菜点温度"。刚出锅的菜点，虽然温度符合标准，但是冬天餐盘本身很凉，装盘时菜点的热量迅速传给餐具，自身温度会下降得很快。当菜点传递到客人面前时，其温度往往达不到应有标准而影响食味。邢师傅"根据生产要求，制订厨房设备、常用工具的更换和添置计划"，在餐具的加热保温设备未购置到位前，采用蒸箱温热餐具的方法，能保证菜肴温度，保证菜点质量。

（3）客人投诉的责任人要从源头查起，首先要看厨师长是否安排了对服务员的营销培训。因为厨师长指导菜点开发、销售职责中规定，厨师长要"对餐厅服务员进行菜点销售方面的指导"。厨师长需要对服务员进行的指导包括：菜肴原料组成，原料上市季节及特征，菜肴基本烹制方法及所需烹制时间，菜肴口味、质感、色彩、香气及温度，菜肴上菜程序及方法。烤鸭需要现烤、现片、现吃，全部工艺过程大约需要 60 分钟（45 分钟烤制，15 分钟上炉、出炉、片鸭），由于该服务员不了解烹制烤鸭所需工艺时间，因而导致客人投诉。

■ 本章实践练习

1．理解传统厨房与现代厨房的不同点，设计一个中央厨房的组织机构图。
2．根据厨房生产运作的特点，提出控制厨房生产成本的方案。
3．根据厨房生产运作的特点，提出稳定厨房产品质量的方案。
4．假如你是厨师长，分析你是否具备厨师长的基本素质，还应该从哪些方面努力。

第二章
厨房设计与布局

厨房设计与布局指厨房在进行生产运作之前，根据经营需要，对厨房各生产功能所需面积进行规划分配，对厨房各区域定位，进而对厨房设施和设备配置的统筹安排建设的过程。

厨房设计与布局分为厨房整体设计、建筑环境与设施设计和厨房平面设计布局等方面。在实践中无论哪一部分设计，都直接关系厨房生产的正常运行、合理运作，关系厨房生产安全、厨师人身安全，因此必须在遵循国家建筑设计标准或行业建筑设计相关标准的前提下，按照厨房生产运作的规律特点进行。

第一节 厨房整体设计

厨房整体设计是指厨房建筑的位置、面积、生产区域的分布等全部设计，根据厨房各阶段生产工作的特点，将生产流程分解为几个既相对独立，又互为依托的区域，使厨房在设备的配置、工作流程的趋向上体现整体作业的协调性。

◢▶ 一 厨房位置的确定

厨房整体设计时，厨房位置的确定应以在现有条件下，最大限度地方便生产，缩短厨师、服务员动线，减少动线交叉为前提。

（1）要尽可能靠近餐厅。厨房位置应尽可能与餐厅在同一区域或同一楼层，以方便菜点的传送，保持菜点的温度和质感。

（2）便于厨房运送货物。厨房位置（特别是中央厨房）要尽可能靠近储藏区（冷库、干货库及仓库），方便领料和货物的运送；主要通道要够宽，便于厨师进货、下货。

（3）集中设置厨房各作业区。厨房生产流程的连续性，决定了厨房各作业点之间的紧密联系，集中设置各作业点，有利于设备兼用，有利于生产中各工作单元的联系和生产运作管理。

（4）合理布局设备、设施。主要是指厨房生产使用的电梯、水、强弱电、煤气能够运作方便。

（5）便于排污、通风和换气。主要是指下水道设施的排污，通风罩、换气扇的排气管线等能够做到及时和畅通无阻。厨房管线应综合布置，管线与设备、设施的接口设置应互相匹配，并满足厨房使用功能的要求。

二 厨房面积的确定

厨房面积包括厨房生产中使用的初加工、切配、烹调和备餐场所占用的面积。

1. 确定厨房面积应考虑的因素

（1）原材料的加工状况。企业原材料的购进规格、数量直接关系厨房加工区域的使用面积。如果禽肉类是按标准分档取料购进、蔬菜是择洗干净且按标准刀法切割成型的原料，加工厨房就可以减少部分面积；反之，面积就需要增加。

（2）企业经营的内容。一方面是指菜单的内容，另一方面是指供餐形式。

① 提供宴会服务，每个餐座所需要的厨房面积可随着餐座数量的增加而相应减少，如表2-1所示。

② 提供零点服务，经营的菜式不同，所需厨房面积也不同。

③ 自助餐、快餐服务，一般所需厨房面积相对较少。

（3）餐厅就餐面积。餐厅的就餐人数决定了厨房的最大生产量，生产量决定厨房面积的大小。100座及100座以上的餐厅与厨房（包括辅助部分）的餐厨面积比应为1∶1.1，食堂餐厨比应为1∶1。此外还应根据餐馆的建筑级别、经营规模和品种、原料储存、加工方法等不同情况，适当调节餐厨面积比例。

（4）厨房设备的配置情况。先进的厨房加工设备，可以提高厨房的生产效率，减少人工占地面积；先进的厨房机械设备还可以做到及时提供合乎规格的原料，减少存货占地空间。

此外，厨房空间的可利用程度和厨房辅助设施的状况也是确定厨房面积应该考虑的因素。有些企业将采光、通风好，规整敞亮的空间让给了客人使用的餐厅、客房，厨房及其辅助设施只能设在不够规整的地方，这就造成厨房面积的利用空间被损耗。

厨房辅助设施主要是指备餐间、刷碗间、各类库房、办公用房、更衣室等。

2. 厨房面积的确定方法

（1）按餐位数计算厨房面积。一般以餐厅就餐人数为参数确定，通常就餐规模越大，就餐的人均所需厨房面积就越小。这是因为小型厨房的辅助间和过道所占的比例比大型厨房要多，如表2-1所示。

表2-1　以就餐人数为参数确定厨房面积规格

厨房供餐人数 / 人	平均每位用餐者所需的厨房面积 /m²
100	0.697
250	0.480
500	0.460
750	0.370
1 000	0.348
1 500	0.309
2 000	0.279

另外，餐厅功能不同，其所需要的厨房面积也不同，如表2-2所示。

表2-2　不同类型餐厅餐位数与对应厨房面积比例

餐厅类型	厨房面积 / （m²/ 餐位）
自助餐厅	0.5 ~ 0.7
咖啡厅	0.4 ~ 0.6
正餐厅	0.5 ~ 0.8

资料来源：马开良. 现代厨房管理. 北京：旅游教育出版社，2006

（2）以餐饮总面积为参数，确定厨房面积比例。通常厨房除辅助间外，其面积应占餐厅的 35% ~ 50%，根据餐饮总面积的大小和厨房的生产功能不同有一定的上下浮动。随着餐厅面积的增大，厨房所占的比例减少，如表 2-3 所示。

表2-3 餐饮经营面积比例表

性质	餐饮经营面积 /m²	厨房与餐厅面积之比	切配烹饪面积	凉菜间面积
餐馆	≤ 150	≥ 1：2.0	≥厨房面积 50% 且≥ 8m²	厨房面积≥ 5m²
	151 ~ 500	≥ 1：2.2	≥厨房面积 50%	≥厨房面积 10%
	501 ~ 3 000	≥ 1：2.5	≥厨房面积 50%	≥厨房面积 10%
	>3 000	≥ 1：3.0	≥厨房面积 50%	≥厨房面积 10%
快餐店	≤ 50	≥ 1：2.5	≥ 8m²	≥ 5m²
	>50	≥ 1：3.0	≥ 10m²	≥ 5m²
食堂	供餐人数 100 人以下厨房面积不小于 30m²，100 人以上每增加 1 人增加 0.3m²，1 000 人以上超过部分每增加 1 人增加 0.2m²。切配烹饪场所占厨房面积 50% 以上			≥ 5m²

资料来源：《餐饮业和集体用餐配送单位卫生规范》

三 厨房各部门区域划分

厨房各部门区域是依据经营性质、各部门协作组合关系和厨房生产工作流程来进行划分的。厨房系统通常分为两个区域：食品处理区和非食品处理区。

1. 食品处理区

食品处理区是指食品的初加工、切配、烹调和备餐场所、专间、食品库房、餐用具清洗消毒和保洁场所等区域，分为清洁操作区、准清洁操作区、一般操作区。

（1）清洁操作区：指为防止食品被环境污染，清洁要求较高的操作场所，包括专间、备餐场所。

专间：指处理或短时间存放直接入口食品的专用操作间，包括凉菜间、裱花间、备餐间等。

备餐场所：指成品的整理、分装、分发、暂时置放的专用场所。

（2）准清洁操作区：指清洁要求次于清洁操作区的操作场所，包括烹调场所、餐用具保洁场所。

烹调场所：指对经过初加工、切配的原料或半成品进行煎、炒、炸、焖、煮、烤、烘、蒸及其他热加工处理的操作场所。行业里通常称为热菜厨房。

餐用具保洁场所：指对经清洗消毒后的餐饮具和接触直接入口食品的工具、容器进行存放并保持清洁的场所。行业里通常称为备餐间。

（3）一般操作区：指其他处理食品和餐具的场所，包括初加工操作场所、切配场所、餐用具清洗消毒场所、刷碗间和食品库房。

初加工操作场所：指对食品原料进行挑拣、整理、解冻、清洗、剔除不可食用部分等加工处理的操作场所。行业里通常称为初加工间。

餐用具清洗消毒场所：行业里通常称为刷碗间。

2. 非食品处理区

非食品处理区是指办公室、厕所、更衣场所、吸烟区、非食品库房等非直接处理食品的区域。

第二节　厨房建筑环境与设施设计

建筑环境与设施设计包括厨房建筑环境设计和厨房建筑设施设计等内容。

一　厨房建筑环境设计

厨房建筑环境设计主要是指厨房结构建设中对厨房高度、顶部、地面、墙壁、通道、采光等方面的设计。

1. 厨房高度

根据我国饮食业建筑行业标准的规定，厨房和饮食制作间的室内净高不应低于3米。考虑到厨房生产需要冷暖通布线，安装各种给排水管道、抽排油烟罩等，因此设计建筑厨房时，毛坯房的高度一般为 3.8 米～ 4.3 米，吊顶后厨房的净高不得低于 3 米，其优点是既便于清扫、保持空气流通，也便于厨房布线。

2. 厨房顶部

从建筑环境设计的角度讲，厨房顶部宜采用防水材料并有防结露、防滴水的措施。吊顶内敷设上下水管时应采取防止产生冷凝水的措施。

根据厨房生产的特点，厨房的顶部设计应做到：

（1）必须能防潮、防火、防漏。一般采用石棉纤维或轻钢龙骨板材料进行吊顶处理，最好不使用涂料。

（2）天花板应力求平整、无裂缝。

（3）管道、电线的布线应尽量遮盖。这不仅是美观问题，也涉及安全防火、防潮等问题。需要特别提示的是：煤气（天然气）公司一般不允许将煤气（天然气）管道遮盖，这主要是考虑使用安全和维修安全问题。

（4）吊顶时要考虑排风设备的安装，要留出适当的位置。

3. 厨房地面与墙壁

厨房的地面设计和选材，是关系厨房生产安全的大事，必须审慎定夺。行业标准规定："厨房地面均应采用耐磨、不渗水、耐腐蚀、防滑、易清洗的材料，并应处理好地面排水。墙面、隔断等设施均应采用无毒、光滑易洁的材料，耐火等级不低于二级。"因此厨房的地面宜选择硬质、表层不滑、有弹性、易打扫且不易吸油的材料。墙壁、天花板应表面光洁，不怕蒸汽直接喷射，不易传热；墙与地面的阴角宜做成弧形，这样在用水冲洗地面时，角落的赃物极易被冲出。

根据旅游饭店星级评定标准，三星级以上的饭店厨房必须从墙角到天花板均贴满瓷砖。

4. 厨房通道

根据行业标准《饮食建筑设计规范》的规定：厨房加工间的工作台边（或设备边）之间的净距离，单面操作且无人通行时不应小于 0.7 米，有人通行时不应小于 1.2 米；双面操作且无人通行时不应小于 1.2 米，有人通行时不应小于 1.5 米。鉴于此，建议厨房通道最小宽度如表 2-4 所示。

表2-4　厨房通道最小宽度

通道处所		最小宽度
工作走道	一人操作	700mm
	两人背向操作	1 500mm
通行走道	两人平行通过	1 200mm
	一人、一车并行通过	600mm+ 车宽
多用走道	一人操作，背后过一人	1 200mm
	两人操作，中间过一人	1 800mm
	两人操作，中间过一车	1 200mm+ 车宽

5. 厨房采光

根据行业标准《饮食业厨房设计规范》的规定：厨房加工间天然采光时，窗洞口面积不宜小于地面面积的1/6。

厨房照明应尽量采用自然光，尽量有直接的采光窗口，以保证厨房基本操作需要和自然通风换气。但实际上许多饭店将可见自然光的区域划给了客房和餐厅，因此厨房在采用灯光照明时，至少每平方米应达到70勒克斯以上的照度，在主要操作台、烹调作业区，照明更要加强。厨房各区域的采光要求可参见表2-5。

表2-5　厨房平均照度推荐值

作业间名称	推荐值 /LX
厨房	100 ～ 150 ～ 200
饮食制作间	75 ～ 100 ～ 150
库房	30 ～ 50 ～ 75

资料来源：《饮食建筑设计规范》JGJ64-89

通常情况下，40平方米厨房采用日光灯照明，40瓦灯管2根一组，7组即可；70平方米厨房，40瓦灯管3根一组，9组即可。

厨房的照明重在实用，临灶炒菜要有足够的灯光以把握菜肴色泽；案板切配要有明亮的灯光，以有效防止切伤和追求精细的刀工；出菜打荷的上方要有充足的灯光，切实减少杂质混入菜肴并流入餐厅。厨房采光不足容易使厨师产生视觉疲劳，同时造成安全隐患，降低生产效率和菜品质量。

厨房烹调区域内的照明、用于指导调味的照明应从烹调师正面射出且没有阴影，而且此照明要保持与餐厅照射菜点的灯光一致，使烹调师追求的菜点色泽与客人接受、欣赏菜点的色泽一样。

另外，根据行业标准，厨房墙面、隔断及工作台、水池等设施均应采用无毒、光滑易洁的材料，各阴角宜设计成弧形；窗台宜设计成不易放置物品的形式；热加工间的上层有餐厅或其他用房时，其外墙开口上方应设宽度不小于 1 米的防火挑檐；更衣处宜按全部工作人员男女分设，每人一格更衣柜，其尺寸为 0.5 米 × 0.5 米 × 0.5 米。

二　厨房建筑设施设计

厨房建筑设施设计主要指在烹调活动时使用的水、电、燃气等管线及表具的设计，包括厨房消音、温湿度、采暖和通风、给排水、消防等方面的设计。

1. 厨房消音

从物理的角度来分析，一切不规则的或随机的声信号或电信号都可称为噪声。一般将超过 80 分贝的强音称为噪声。噪声能够损伤人的听力和视力，影响人的语言清晰度，使人头晕、头痛、神经衰弱，噪声还破坏人的情绪，使人暴躁，从而使劳动生产率降低。

（1）厨房噪声的来源主要有：炉具运作（如炉灶鼓风机）的响声；抽风系统装置设计欠妥及缺乏维修保养（如抽油烟机电机风扇）的响声；机器运作时发出（如搅拌机、轧面机、蒸箱等作业时）的声音；食品加工过程中（如斩骨切肉）的声音；开餐时餐具器皿碰撞的声音和人员的喊叫声等。

（2）解决厨房噪声的一般方法有：购置先进的厨房设备和使用吸声降噪的材料做厨房建筑材料，如用石棉纤维吊顶既吸音又防火；及时维护保养餐车、货运车，定期对机器及通风设备进行保养维修；减少它们在生产运作时发出的声音；尽量将噪声大的机器及工序集中并隔离，以减少对整体工作环境的影响。

2. 厨房温湿度

（1）温度。人体感觉最舒服的温度一般为 25℃，因此一般餐厅的温度要求控制在

24℃~28℃之间。厨房由于有加热设备，温度一般较高，冬季采暖季节室内温度应符合国家的相关规定（见表2-6）；而夏季应尽量降低厨房温度，降低厨房温度的方法有：在加热设备上方安装排风扇或抽油烟机；对蒸汽管道和热水管道进行隔热处理；散热设备安装在通风较好的地方以便于通风降温。

表2-6　冬季厨房室内设计温度

厨房名称	室内设计温度/℃
冷加工间	16
热加工间	10
干菜库、饮料库	8~10
蔬菜库	5
洗涤间	16~20

资料来源：《饮食建筑设计规范》JGJ64-89

（2）湿度。湿度是指空气中含水量的多少。人体感觉舒适的湿度是30%~40%。夏季当温度在30℃时，湿度一般为70%，温度越高，湿度越大。根据相关规范，厨房内的相对湿度不应超过60%。如果厨房温度高、湿度大，厨房中的食品原料、成品、半成品容易腐烂变质。

3. 厨房采暖和通风

（1）厨房采暖。厨房采暖是产品制作顺利进行的保障。厨房室温过低，影响动物脂肪的融化和发酵面坯的蓬松，从而造成产品缺憾。厨房冬季采暖室内设计温度应符合相关规定（见表2-6），同时，厨房应采用耐腐蚀和便于清扫的散热器。如果使用空调采暖，宜采用直流式低速通风系统。

（2）厨房通风。无论厨房选配先进的运水烟罩，还是直接采用简捷的排风扇，最重要的是要使厨房，尤其是配菜、烹调区形成负压。所谓负压，即排出去的空气量要大于补充进入厨房的新风量。根据行业规范，厨房热菜间机械通风的换气量宜按热平衡计算，排风量的65%应通过排风罩排至室外，而由厨房的全面换气排出35%；排气罩口吸气速度一般不应小于0.5米/秒；热加工间的补风量宜为排风量的70%左右，负压值不应大于5帕。带有蒸箱的厨房和采用蒸汽洗涤消毒设施的洗碗间，供气管表压力宜为0.2兆帕。这样厨房才能保持空气清新，保证厨房的气味不进入餐厅。在抽排厨房主要油烟的同时，决不可忽视烤箱、焗炉、蒸箱、汽锅以及蒸汽消毒柜、洗碗机等产生的浊气、废气，要保证所有烟气都不在厨房区域弥漫和滞留。如果采用自然通风，根据设计规范，厨房通风开口面积不应小于该厅地面面积的 1/10，库房不应小于地面面积的 1/20。

根据行业标准，厨房通风排气在建筑设计上应符合下列规定：

① 各加工间均应处理好通风排气，并应防止厨房油烟气味污染餐厅；

② 热加工间应采用机械排风，也可设置出屋面的排风竖井或设有挡风板的天窗等有效自然通风措施；

③ 产生油烟的设备上部，应加设附有机械排风及油烟过滤器的排气装置，过滤器应便于清洗和更换；

④ 产生大量蒸汽的设备除应加设机械排风外，宜分隔成小间，防止结露并做好凝结水的引泄。

厨房排风量的计算：实践证明厨房每小时换气 40 ~ 60 次，即可保证有良好的通风环境和空气质量。

计算方法：

$$CMH = V \times AC$$

式中，CMH 为每小时排出的空气体积量；

　　　V 为空气体积；

　　　AC 为每小时换气次数。

【例】　某厨房长约 20 米、宽约 8 米，高约 3.8 米。求此厨房单位时间内排气量应是多少？

厨房的空气体积 = 长 × 宽 × 高 = 20 × 8 × 3.8 = 608（立方米）

若该厨房需要每小时换气 50 次，则：

608 × 50 = 30 400（立方米 / 小时）

由此可向工程部推荐安装多大功率的通风设备或向工程部建议厨房每小时的送风量。

另外，厨房的排风系统宜安装防火单元设置，不宜穿越防火墙。厨房水平排风道通过厨房以外的房间时，在厨房的墙上应设防火阀门。

4. 厨房给排水

厨房建筑必须设置给排水系统，其用水量标准及给排水管道的设计应符合现行行业标准和规范。厨房排水系统的总体要求是通畅、便于清扫及疏通，管道设置不应对室内、外环境产生污染，应单独排水至水处理或回收构筑物。厨房排水可采用明沟或暗沟两种方式。

（1）明沟。当厨房采用明沟设计排水时，应加盖箅子。明沟的建筑材料一般使用不锈钢板材，箅子（盖板）选用防锈铸铁板；沟内阴角做成弧形（U形），并有水封及防鼠装置；水沟深度为15厘米～20厘米，水沟坡度为15‰～20‰，水沟宽度为30厘米～38厘米；出水端网眼采用小于1厘米的金属网；带有油腻的排水，应与其他排水系统分别设置，并安装隔油设施。

明沟的优点主要是便于排水、冲洗，能有效防止堵塞；缺点是排水沟里可能有异味散发在厨房内，有些厨房的明沟还是虫、蝇、鼠害的藏身之地。明沟处理不好，还会导致厨房地面不平整，造成厨房设备摆放困难。

（2）暗沟。厨房采用暗沟设计排水，管口的直径不能小于15厘米，径流面积一般不大于25平方米，径流距离不大于10米，否则极易造成厨房积水。

暗沟的优点主要是厨房地面平整、光洁、无异味，但易于堵塞，疏通困难。现在最新的解决方法是在设计厨房暗沟时，在暗沟的某些部位安装热水龙头，厨师只需每天开启1～2次热水龙头，就能将暗沟中的污物冲洗干净。

厨房的废水油污较重，必须经过处理后再排放才能符合环保要求，因而出现了隔油池。其作用是将厨房含油脂的污水中的油污部分及时隔断在下水道外面，从而保证排水的畅通。隔油池可以由砖头砌成，也可以用混凝土浇制于地面之下，上面用盖板盖住。池中3/4处有一隔板，直竖于出口前阻挡悬浮油脂。

无论明沟还是暗沟，都是厨房污水排放的重要通道。明沟太浅、太毛糙，或坡度小、不能有机连接，会使厨房要么水地相连，要么臭气熏人，很难做到干爽、清净。因此，在进行厨房设计时要充分考虑厨房原料化冻、冲洗、加工的需要，同时还要考虑大型蒸汽设备、水煮设备的排水需要。

5. 厨房消防

根据《高层民用建筑设计防火规范》的规定，公共厨房应设自动喷水灭火系统。《建筑设计防火规范》还规定："公共建筑中营业面积大于500平方米的餐饮场所，其烹饪操作间的排油烟罩及烹饪部位宜设置厨房自动灭火装置，且应在燃气或燃油管道上设置紧急事故自动切断装置。"

（1）自动灭火装置的控制方式。厨房自动灭火装置的控制方式一般可分为电控和气控两种。电控方式是靠电源输出使电磁阀动作，从而启动灭火剂储存容器，并切断燃料供应的方式。气控方式是整套装置完全依靠机械自动动作，装置先启动钢瓶，释放高压氮气，以高压氮气作为动力使该装置完成整套灭火动作。比较而言，气控方式较电控方式更安全、合理、可靠。

（2）自动灭火装置保护范围的确定。在厨房自动灭火装置的应用设计中，保护范围是一个非常重要的参数。餐饮行业厨房火灾一般以高温油锅火为起因，火焰在短时间内引燃积沉在排烟罩和风管内的油垢并迅速蔓延。如果只考虑对油锅的灭火，而没有考虑厨房灶台的整体保护，不但无法阻止火势的蔓延，还有可能在扑灭油火后，导致油锅复燃。因此，在产品设计及应用过程中，厨房排烟罩和风管入口附近都应作为该灭火装置的保护范围。

（3）自动灭火装置喷嘴的设计。厨房灭火设备上的喷嘴除了应保证其流量特性外，还应考虑在喷射灭火介质时能防止油锅火飞溅，否则会引起更大面积的燃烧。美国保险商实验室标准《商业厨房灭火系统的测试》（UL300）对此提出了要求，安装在商业厨房灶台的喷嘴应设有防止油垢或其他外来物质进入喷嘴的装置。这种保护装置会随着灭火剂的喷放而打开。为防止因管道锈蚀而导致喷嘴堵塞，设计时与喷嘴相连接的管道及连接件严禁使用镀锌管道。

（4）灭火装置应具备的功能。根据厨房火灾的特性和实际灭火试验，一个合理的餐饮业厨房自动灭火装置应具备以下基本功能：

① 能实施自动灭火；

② 能自动切断燃料供应；

③ 能自动关闭排烟管道上的防火阀，自动关闭风机及有关电源；

④ 能防止灭火后复燃；

⑤ 能将有关信号自动传输到消防控制中心，并具备声光报警功能；

⑥ 具备紧急手动启动灭火装置。

第三节　厨房平面设计布局

厨房平面设计布局，专指在厨房现有建筑结构条件下，根据餐饮生产的运作特点，对厨房面积、位置、不同生产区域的划片分配，使厨房设备配置和定位体现厨房整体作业流程的协调性。

厨房平面设计布局也是厨房设计的一部分，它实际上是厨房设备设施的布置形式。厨房平面设计受许多因素影响，其中有直接因素，也有间接因素，因此在设计厨房布局时，餐饮管理者必须懂得厨房的布置形式对厨房生产的影响，避免生产流程的不合理和资金浪费，满足生产要求，从而达到合理布局的目的。

一 影响厨房平面设计布局的因素

合理的厨房布局与高超的烹饪技术、优质的菜肴美点在餐饮企业经营中同样重要，它对于节约厨师生产动线、提高劳动生产率有积极意义。

1. 厨房建筑风格和规模

厨房的建筑风格和规模是影响厨房布置形式的直接因素，包括场地的形状，房间的分隔格局，实用空间的大小、高度和方位，楼层位置，采光通风条件，温度，噪声等。

厨房面积小、高度不够，工作时会使人感到压抑；厨房噪声大会使人感到心烦；通风条件、照明条件、室温条件都会影响厨师工作的情绪。

2. 厨房经营规格和生产功能

主要指厨房的供餐标准、生产形式和可同时供餐人数，由餐厅的档次和容纳客人的数量决定。加工厨房与烹调厨房、中餐厨房与西餐厨房、宴会厨房与快餐厨房，由于经营规格不同、生产功能不同，其生产方式也不同，在厨房的布置形式上也有差别。

3. 厨房所需要的生产设备

主要指完成厨房生产任务需要配置的设备。厨房设备的配备与原料的来源、供餐人数相关。设备的数量、型号、规格、种类、功能、所需能源的匹配情况等，决定着设备摆放的位置和占据的体积，影响着厨房布置形式的基本格局。

同时，厨房生产设备的配置还决定着生产能力。

4. 公用基础设施状况

厨房所在区域电容量的大小，电缆的架设情况，煤气管道、上下水管道的敷设情况均制约着厨房的布置形式。厨房布置形式必须考虑这些公用设施的状况，若在公用基础设施不方便接入的地区建厨房，则基础设施的安装开支较大。所以，在厨房设计布局时，必须对公用基础设施的有效性进行考证，从而作出正确判断。

5. 厨房生产必须遵守的法规和要求

厨房设计布置形式时，必须遵守与食品生产相关的国家标准、行业标准和法律规范，具体有以下几种。

（1）《餐饮业和集体用餐配送单位卫生规范》。由国家卫生部颁发，自2005年10月1日起正式实施。

（2）《食品卫生许可证管理办法》。由国家卫生部公布，自2006年6月1日起施行。

（3）《流通领域食品安全管理办法》。由商务部审议通过，2006年12月20日公布，自2007年5月1日起施行。

（4）《中华人民共和国食品安全法》。由中华人民共和国第十一届全国人民代表大会常务委员会第七次会议于2009年2月28日通过，自2009年6月1日起施行。

（5）《中华人民共和国消防法》。由中华人民共和国第十一届全国人民代表大会常务委员会第五次会议于2008年10月28日通过，自2009年5月1日起施行。

6. 可投资费用

主要指厨房固定资产的投资预算，如房屋装修、设备机械购置的可支配金额。这是一个对厨房设计标准和布局有制约性的经济因素，因为它决定了是用新设备还是改造现有的设施，是重新规划整个厨房还是仅限于厨房内特定部门的改造等问题。

厨房布局的基本原则

1. 保证工作流程连续畅通

厨房的总体布置形式应该按进货、验收、切配、烹调等区域依次定位，在某一区域内的布置应按厨房生产流程设计，防止原料、半成品、成品倒流，只有这样才能保证厨房各工序运行顺利，有效衔接。

连续、畅通的工作流程可以有效缩短厨师动线，减少厨师动线的交叉，节省厨师体力，提高工作效率，同时减少因动线交叉、原料、半成品、成品倒流造成的食品安全隐患和生产安全隐患。

2. 符合人体工程学原理

厨房布局中的人体工程学是指厨师、机械设备及环境布置的相互协调关系。人体工程学强调以人为主体，通过研究人体结构功能，使室内环境设计符合人的身心活动要求，并取得最佳的使用效能，达到安全、健康、高效能和舒适的目标。

鉴于这一原理，实用方便是厨房布局的基本原则，要求厨房机械设备的布置要最大限度地满足厨师生产时方便、顺手、省力、省时的工作需要，最大限度地减轻操作者的劳动强度，以提高工作效率。

3. 注重食品卫生安全

食品卫生安全是厨房经营中第一重要的问题。厨房布局设计必须坚持生熟分开、冷热分开、干湿分开的原则，从而保障食品安全。

生熟分开是指厨房原料与成品分开存放，这样可以有效防止生产运作过程中出现交叉污染；冷热分开是指将厨房中原料加工区域与烹调区域分开设置。因为烹调区域各式炉具散出较高的温度，对在一定范围内摆放的生、冷原材料都会产生影响，加速原材料变质的速度，影响冷藏设备的散热、制冷功能。干湿分开是指厨房食品原料存放要将忌潮湿的干货、调味类原料与忌干燥的鲜活类原料分开存放。

4. 有利于生产操作安全

厨房设备的布局必须注重生产安全。首先，通风、热力、煤气管道的布线，照明、电器设备的电力布线，机械设备安装的环境要求等均需严格按照行业相关部门的规定执行，如煤气管道不能遮挡，电线不能裸露在外等；其次，还必须考虑厨师操作中的安全性，如轧面机的方向、绞肉机的高度等；最后，还要考虑方便清扫和维修因素。

▌三 厨房作业区工作岗位典型布置形式

厨房的作业区由若干个工作岗位的作业组成，作业点是厨房布置的最基本单位，它是每位员工的操作岗位。各部门所需作业点的多少，取决于部门的工作量。

作业区和工作岗位的布置应结合设备的安排，既要考虑作业区场地的形状、大小、设备的情况，人体伸展的限度和"动作经济原则"；又要考虑厨师动线在开餐高峰时间的流向，尽量避免厨师动线的交叉，避免厨师动线与服务员动线的交叉；同时还要注意作业时食物的流向，避免倒流。下面是作业区和工作岗位布置的几种典型类型。

1. L形厨房布置

L形布置通常沿墙壁设置成一个犄角形，工作区从墙角双向展开呈 L 形。这种布置形式比较经济，是厨房布置中最节省空间的设计，可以体现"小空间、大厨房"的内涵。L形厨房又被称为三角形厨房，不过要避免 L 形的一边过长，以免降低工作效率。

图 2-1 所示为洗碗间必备设备的布置。按照洗碗间的工作程序，从餐厅运回的餐具要先通过残食台将残食倒入残食桶，放入清洗池洗去食物残渣；然后用清洗液洗净表面油渍，再用清水冲净消毒液；最后放进消毒碗柜中消毒烘干。整个程序从左至右连贯完成，没有餐具倒流现象。

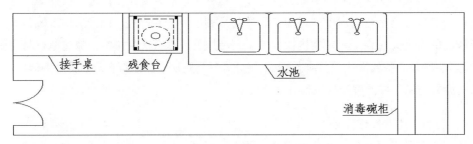

图2-1　L形消毒洗碗间设计

2. 直线形厨房布置

直线形布置又称 I 型厨房布置，是将设备按"一"字直线靠墙排列，工作流程从起端直线流向另一端终点。直线形布置是炉灶的一面沿墙而列，当厨房形状规整但面积不大、无法采用其他形式时通常采用这种设计。由于空间不大，工作区的组合一般较为简单。此种布置形式有利于厨房散热，由于走菜方向可以有三个，所以传菜方便快捷。

图 2-2 所示为直线形热菜烹调区布置，包括热菜配菜区和热菜烹调区。该设计根据热菜烹调工作流程特点，将加热设备沿墙直线排列，上方直线安装排风设备，统一排风散热。热菜配菜区紧靠厨师身后，厨师原地转身即可与配菜厨师密切配合生产，这样不仅提高了劳动效率，而且能够节省厨师体力。

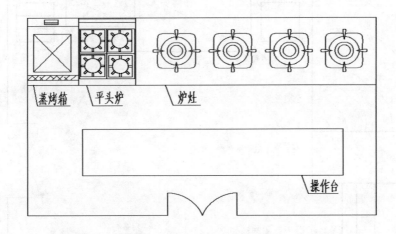

图2-2　直线形热菜烹调区设计

3. U形厨房布置

U形布置是将设备的摆放和工作流程设计成U字形。一般厨房功能要求齐全，但面积较小时，可采用此种设计。U形厨房布置的出入口只能有一个。

图2-3所示为U形面点制作及熟制区布置。这个流程考虑到面点工艺的特点和操作的方便，水池、储面桶紧靠和面搅拌机。面坯要经过轧制后进行下剂和成型，所以工作台紧靠轧面机。成型后的半成品顺手放入烤盘或提盘笼屉，烤盘架与笼屉架采用推车式活动装置，可根据需要换位。面点熟制使用蒸烤箱，此操作有时需要接手桌，故又布置了一张工作台，成熟的面点产品放在离门最近的烤盘车或笼屉上等待出售。

4. 平行状厨房布置

平行状布置又称Ⅱ型厨房布置，是将设备分成两排，面对面或背对背排列。当厨房面积比较充裕时，采用面对面平行排列布置可以有四个走菜方向，背对背平行布置有两个走菜方向。实践中，要采用哪一种布置形式必须根据厨房煤气管线、电力设备布线的情况而定。

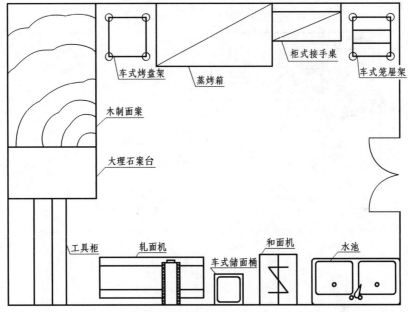

车式烤盘架　　蒸烤箱　　　　柜式接手桌　　　车式笼屉架

木制面案

大理石案台

工具柜　　轧面机　　车式储面桶　　和面机　　水池

图2-3　U字形面点制作区设计

图 2-4 所示为热菜烹调作业区面对面布置。图 2-5 所示为热菜烹调作业区背对背布置。

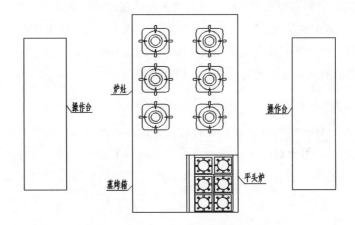

操作台　　　　　炉灶　　　　　　　　操作台

蒸烤箱　　　　　　　平头炉

图2-4　平行状面对面热菜烹调区设计

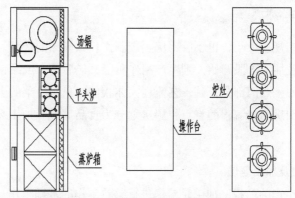

图2-5　平行状背对背热菜烹调区设计

5. O字形厨房布置

O字形布置又称为无障碍厨房布置，是将厨房设备按环岛状设置，主要用于面积较大的厨房或大型餐厅的明档演示台。由于O字形布置具有明显的表演功能，客人可以从不同角度观赏厨师的操作技艺，因而进行无后台化的设计处理十分必要。安全美观、隔油烟效果、消除噪声是O字形布置必须解决的问题。

图2-6所示为O字形餐厅明档作业布置。

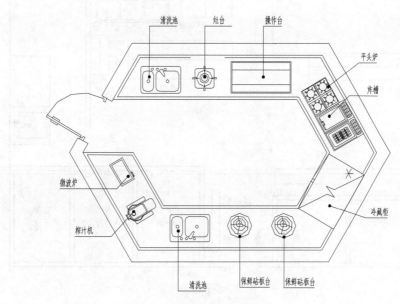

图2-6　O字形设计

（四）厨房各生产区域布置设计的基本要求

不论厨房生产规模大小，也不管厨房生产制作什么风味的产品，其生产工艺流程大致相同，即由原料及加工阶段开始，到生产制作阶段，最后进入成品销售。厨房生产流程通常包括菜肴和点心生产两部分，其工艺流程大体相似。只是冷菜的生产流程与热菜生产略有差别。我们按厨房生产流程的特点将厨房划分为食品储藏及加工区域、烹饪作业区域和备餐洗涤区域。

1. 食品储藏及加工区域

原料是厨房生产的前提，加工是厨房进行菜肴制作的基础工作。因此，该区域包括原料进入饭店以及原料领进厨房期间的工作岗位和对原料进行初步加工处理等岗位，即原料验货处，原料仓库，鲜活原料活养，原料宰杀，蔬菜择洗，干货原料涨发，初加工后原料的切割、酱腌等。图2-7所示是某饭店的初加工区域设计。

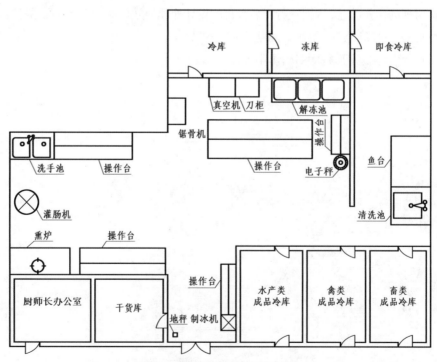

图2-7　某饭店初加工区域设计

（1）食品储藏区域：主要包括进货口、验收处、干货库、冷藏库等。原料进入饭店，除鲜活原料外，本身处于冰冻状态的原料需要冷冻存放，干货和调味品原料需要进入仓库保管，厨房日常生产使用数量最多的各类鸡鱼肉蛋、瓜果蔬菜等鲜货原料都直接进入厨房区域，随时供以加工、烹制。也正因为如此，加工和原料进货是紧密相连、密切配合的。库房的布置要求如下。

第一，统筹考虑各库房、验收场所与加工厨房的位置关系。餐饮规模大、经营风味多、厨房生产量大的酒店，为了保证经营的连续性和客人选择范围的广泛性，同时为了防止原料间相互串味、互相污染，便于仓库管理，大部分本地不易采购和容易断档的原料，仓库都分别留有一定量的库存，如有专门设置的肉类食品库、海产食品库、蔬菜食品库、瓜果食品库、西餐原料食品库、蛋类食品库、奶制品食品库等。这些库房虽然不归厨房管理，但为了厨房领料和使用方便，在设计厨房时应予以统筹考虑。

第二，按食品的特性及储藏要求分间。有异味的食品应单间储存；冻结物冷藏间宜采用大房间；储存水果、蔬菜和鲜蛋的冷却物冷藏间宜适当采用较小房间。运输轨迹线路要短，避免迂回和交叉。

第三，"六防"措施齐全。各类库房设计时必须首先设有防蝇、鼠、虫、鸟及防尘、防潮等措施。天然采光时，窗口面积不宜小于地面面积的1/10。自然通风时，通风开口面积不应小于地面面积的1/20。

第四，设计足够的货架。货架按不同的设计温度分区、分层布置；尺寸和净高应根据建筑模数、货物包装规格、托盘大小、货物堆码方式以及堆码高度等因素确定。

第五，设计无障碍通道。食品储藏区域进出货物频繁，设计无障碍通道，可方便货物运送，有利于提高工作效率，保证生产安全。例如，进出库房时厨师往往负重，双手推车或携带物品，脚踩开关门系统和自动回归门系统的设计既方便进出货物，又能保证工作安全。

（2）厨房加工区域：包括对原料进行初步择拣、宰杀、洗涤、整理的初加工和对原料进行刀工处理的深加工及其随之进行的腌酱等工作。不仅如此，加工产生的大量废弃垃圾需要及时清运出店。初加工区域布置的要求如下。

第一，与原料验收、库存设计在同一区域。与原料入店相似，原料进出厨房的工作量很大，因此，加工与原料验收、过秤、库存设在同一区域是比较恰当的。即使有些饭店厨房场地不规整，烹调多和相应餐厅在同一楼层，但加工区仍多与原料出入区设计在同一区域，实践证明这种布置对生产操作也是最为方便的。

第二，分设清洗水池，避免原料反流。加工区域应将化冻、切配和海鲜水产、蔬菜清洗分别划分区域，并且设置足够的水池，完成化冻、过水、清洗等工序。如果厨房面积有限，也应将初加工区分设肉禽、水产工作台和清洗池，清洗池底部应能承受100千克的载荷。作业区要按生产流程设计，主要表现为要避免已送入下一道加工工序的原料反流回上一道工序的区域，同时遗留的残留物应及时妥善处理。

第三，设计足够的货架和冷冻冷藏设备。原料加工前后，必须按加工与否、按原料种类、按加工时间、按保存温度贴标签分别存放，避免原料过期、腐坏，避免原料相互污染串味。例如烟熏原料就必须单独存放。

第四，设计宽口径的下水口。加工区域污物杂质多，应注意刷洗地板、洗手台的下水口不被阻塞，一般排水机构要能在2分钟之内，将20升以上的水排除干净；同时还要考虑加工区域对热水的需求。

2. 烹调作业区域

菜点生产制作是厨房的主要工作，集中了厨房主要的技术力量和生产设备，在整个厨房生产流程中占有相当重要的地位。烹调作业区域通常包括热菜的配份、烹调，冷菜的烧烤、卤制和装盘，点心的成型和熟制等岗位。该区域是厨房设备配备密集、设备种类繁多的区域。该区域按生产性质的不同，可以相对独立地分成热菜配菜区、热菜烹调区（可处于同一区域空间的两个部分）、冷菜制作与装配区、面点制作与熟制区。冷菜间、点心间、办公室应单独隔开，配菜间与热菜间可以不分隔。

（1）热菜配菜区：主要根据零点或宴会订单，将加工好的原料进行主配料配伍。该区的主要设备是切配操作台和水池等，要求与烹调区紧密相连，配合方便。热菜配菜区的布置要求如下。

第一，与烹调区紧密相连，配合方便。通常与烹调区厨师之间仅隔一个90厘米～100厘米宽的工作台，手递手即可完成原料的递交。

第二，就近设置冷藏冰箱和单独货架。开餐中配菜区域的原料是已加工成型、腌酱入味的原料，是即刻可以上灶烹炒的原料，此部分原料必须在专有冷藏冰箱里单独存放，同时要求切配案台平整并附带足够的台架。

（2）热菜烹调区：主要负责将配制好的菜肴主配料进行炒、烧、煎、煮、炸、烤等熟制处理，使烹饪生产由原料阶段进入成肴阶段。该区域设备要求高，设备配备数量的确定也至关重要，会直接影响到出品的速度和质量。该区设计要求与餐厅服务联系密切，出品质量与服务质量相辅相成。热菜烹调区的布置要求如下。

第一，按操作程序布置。这一方面是指加热设备要按菜肴生产的基本流程布置；另一方面是指热菜烹调区域要与配菜区紧密相连，配合方便。

第二，根据厨师动作域布置。厨师动作域是指厨师在厨房从事各种生产和烹饪活动范围的大小。它是确定厨房布置和空间尺度的重要依据因素之一。厨房布置时厨师从事烹饪活动占用空间具体尺寸的选用，应考虑在不同作业状态下，厨师动作和活动的安全，以及对大多数人的适宜尺寸，并强调以安全为前提。例如，案台的高矮、过道的宽窄等，应取男性人体高度的上限，并适当考虑人体动态时的余量进行设计；对踏步高度、上搁板或挂钩高度等，应按女性人体的平均高度进行设计。

第三，配套设计环境系统。此区域的功能可能兼设冷菜和面点熟制工艺，因此地面除了保持干燥外，在主要蒸煮设备前一定要加设排水沟。特别是如果设置旋转锅，则锅前工作面积应放宽，以方便旋转锅回转，且要加深排水沟，方便旋转锅清洗。加热设备上方的排油烟罩内，应附带自动消防灭火系统，且灶台表面与安装在灶具上方的顶吸式油烟机最低部位的距离宜为65厘米~75厘米；如果灶台采用靠墙直线排列，炉灶后方应加设不锈钢封墙。

图2-8所示为某饭店西餐热菜厨房设计。

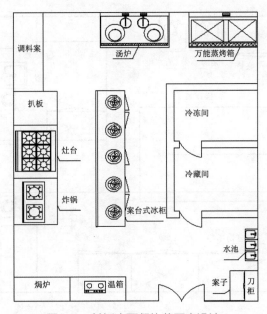

图2-8　某饭店西餐热菜厨房设计

（3）冷菜制作与装配区：负责冷菜的熟制、改刀装盘与出品等工作。有些饭店的这一区域还负责水果盘的切制装配。该区域熟制与成品切装往往是在不同场地分别进行的，这样可以分别保持冷热不同环境温度，保证成品质量。冷菜间布置的基本要求如下。

第一，设计二次更衣环境。根据《饮食业厨房设计规范》，"冷食制作间的入口处应设有通过式消毒设施"，即二次更衣室。也就是说，冷菜间的设计必须有两道自动闭合门，厨师在进入第一道门后，要经过洗手、消毒、换工作服后才可通过第二道门进入冷菜间。二次更衣室应设有双槽洗手消毒池、挂衣架和工具柜等。

第二，冷菜装配区必须设计成低温、能消毒的环境。冷菜装配区的室内温度不得高于25℃，如果温度过高，有害微生物就会迅速生长，不利于冷菜的存放；冷菜装配区还必须安装紫外线消毒灯，保证每天班前班后对该区域环境及设备设施进行消毒。

第三，设置足够的专用冷藏设备。冷菜制作与装配区的原料及半成品均须放入冷藏设备中存放，且必须做到生熟分开，避免交叉污染；冷菜间成品必须放入专用冰箱中保存。

第四，加热设施可与热菜间共用。冷菜间生产运作中使用加热设备的时间一般与热菜生产不在同一时间段，所以可以与热菜间共用加热设备，达到节能、降温、节省空间的目的。图2-9所示为某饭店西餐冷菜间设计。

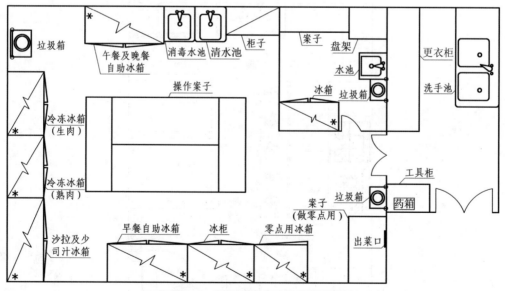

图2-9　某饭店西餐冷菜间设计

（4）面点制作与熟制区：负责米饭、粥类食品的淘洗、蒸煮；负责面点的加工成型、馅料调制，以及点心蒸、炸、烘、烤等熟制。该区一般多将生制阶段与熟制阶段相对分隔，以减少高湿度、高温度的影响。空间较大的面点间，可以集中设计生、熟结合操作间，但要求抽排油烟、蒸汽效果要好，以保持良好的工作环境。图2-10所示为某饭店中式面点厨房设计，图2-11所示为某饭店西式面点厨房设计。

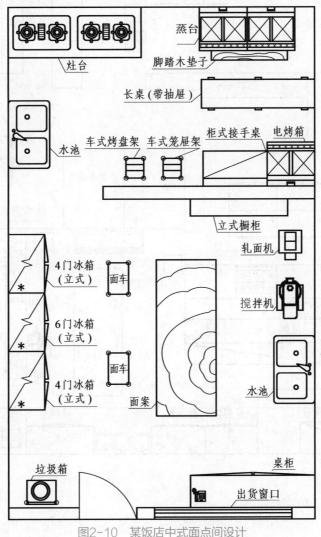

图2-10　某饭店中式面点间设计

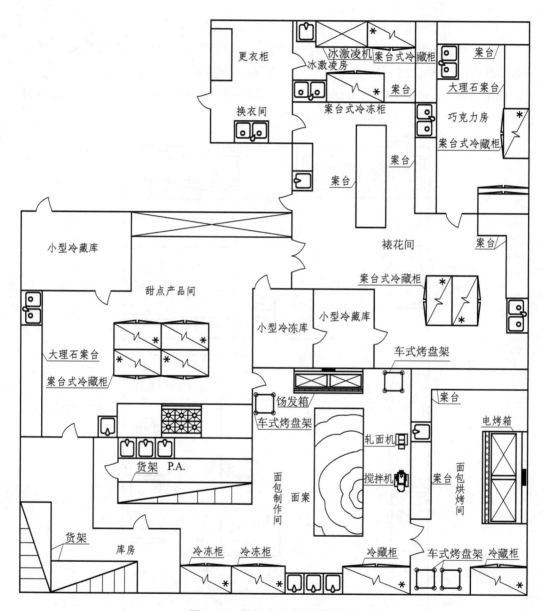

图2-11 某饭店西式面点间设计

面点间布置的基本要求如下。

第一，加热设施与制作区域分开。加热区的高温、高湿不利于制作区面食的保存，同时也严重影响制作区的工艺操作环境。

第二，有足够的案台和活动货架车。多数面点工艺制作是在木制案台上完成的，有些工艺也需要在大理石案台上完成，所以案台是面点制作间必备的设备。放置烤盘和蒸屉的活动货架车可以有效节约厨房空间，使用灵活方便。

第三，设计大功率的通风排烟设备。面点制作的蒸煮工序，会产生大量的水蒸气，水蒸气对原料、成品的储存以及加工工艺过程均有不利影响，所以无论制作区与熟制区是分设还是一体，面点厨房的通风排气、降温除湿都是非常重要的。

第四，裱花作业区要设置空气消毒装置。裱花作业是糕点制作的最后一道工序，裱花原料一般为油脂、糖粉、蛋清、琼脂，它们是高脂肪、高蛋白、高碳水化合物等营养物质的原料，极易成为细菌微生物的培养基，所以紫外线消毒灯是裱花作业区的必备设施。裱花操作间还应当设置符合要求的更衣室及洗手、消毒水池。

第五，设置单独的冷藏冷冻设备。由于产品特性不同，面点制作区域成品和半成品需要与其他区域分开保存。

3. 备餐洗涤区域

主要包括备餐间、清洗间和餐具储藏间。备餐洗涤区域是厨房的辅助设计，是强化完善餐饮功能的必要补充。它在餐饮功能的划分上，既不算直接服务于客人用餐、消费的餐厅，也不属于菜点生产制作的厨房。但少了这些设计，餐厅可能会显得粗俗不雅，甚至嘈杂凌乱；厨房生产和出品也会变得断断续续，甚至残缺不全。小型酒店可以不进行分隔。

（1）备餐间。备餐间对菜点出品秩序和完善出品有重要作用。有些出品的调料、佐料和进食用具等在此区域内配齐，否则为违规。备餐间的位置多在厨房和餐厅之间，备餐间的空间大小和设备多少与餐厅经营风味直接相关。一般西餐备餐间的设备配备比较复杂，功能也比较多。中餐粤菜比其他菜系的备餐用具要多一些。备餐间布置的基本要求如下。

第一，备餐间应处于餐厅、厨房过渡地带，目的是便于划单，方便起菜、停菜等信息沟通。同时，备餐间须存放各种餐具，便于随时为客人取用。

第二，厨房与餐厅之间采用双门双道（见图2-12）。厨房与餐厅之间真正起隔油烟、隔噪声、隔温度作用的是两道门的设置。同向两道门的重叠设置不仅起到"三隔"（隔热、隔噪声、隔油烟）的作用，还遮挡了客人直接透视厨房的视线，有效解决了饭店陈设屏风的麻烦。

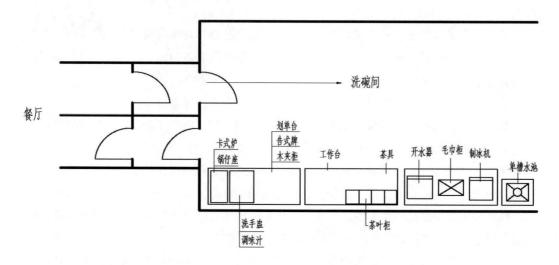

图2-12　厨房与餐厅之间的双门双道设计

第三，备有小型加热设备。大型餐饮企业的各楼层单间餐厅，由于离厨房相对较远，为了满足用餐中某些菜肴客人提出需要临时再次加热或某些饮料需要加热的需要，因此专门为包间设置独立的备餐间，要配备微波炉、电加热器等小型加热设备，以减少服务动线，缩短客人等候的时间。

（2）洗碗间。洗碗间的设计与配备，在餐饮经营中，可有效减少餐具破损，保证餐具洗涤及卫生质量。洗碗间的工作质量和效率，直接影响厨房生产和出品，其布置的基本要求如下。

第一，单独设置。由于潮湿、热气和残食污浊可能造成污染，所以洗碗间一定要单独设置，同时要设计排水、油脂截流槽以及蒸汽、热水等热源。

第二，洗碗间的位置，以紧靠餐厅和厨房，方便传递脏的餐具和厨房用具为佳。洗碗间与餐厅保持在同一平面，主要是为了减轻传送餐具员工的劳动强度。当然在大型餐饮活动之后，用餐车推送餐具，这也是前提条件。

第三，洗碗间应有可靠的消毒设施。洗碗间不仅仅承担清洗餐具、厨房用具的责任，同时负责所有洗涤餐具的消毒工作。而靠手工洗涤餐具的洗碗间，则必须在洗涤之后，根据本饭店的能源及场地条件等具体情况，配备专门的消毒设施。消毒后，再将餐具用洁布擦干，以供餐厅、厨房使用。

本章案例

■■案例2-1：厨房建筑环境设计缺憾

1. 案例综述

建业饭店是一家四星级饭店，准备进行扩建改造，马力代表餐饮部对有关厨房的初步设计方案提出修改建议，在设计方提供的方案中他看到如下条件和参数，请分析其是否合理，并提出修改意见。

（1）厨房建筑环境。

① 厨房净高度为 2.5 米。

② 吊顶采用石膏板。

③ 墙面贴可以用湿布擦拭的壁纸。

④ 地板铺设光面大理石。

⑤ 所有管道均采用暗装处理。

（2）厨房排风量设计。

加工间长 15 米，宽 5 米，高约 3.5 米，每小时换气 15 次，设计排风量为

$$15 \times 5 \times 3.5 \times 15 = 3\,937.5\,（立方米 / 小时）$$

（3）下水采用明沟直排方式。

2. 基本问题

（1）厨房建筑环境的情况和参数是否合理？

（2）该加工间的排风量是否合理？

（3）明沟直排污水处理方式有哪些设计要求？

3. 案例分析与解决方案

（1）建筑环境设计分析与修改意见

① 厨房净高度为 2.5 米不合理。根据饮食业建筑行业标准规定，厨房和饮食制作间的室内净高不应低于 3 米。

② 吊顶采用石膏板不合理。厨房的顶部应采用防水材料，建议采用轻钢龙骨板材进行吊顶处理且不使用涂料。

③ 墙面贴可以用湿布擦拭的壁纸不合理。按照星级酒店评定标准，三星级以上酒店厨房的墙面应通体粘贴光洁的瓷砖。

④ 地板铺设光面大理石不合理。地面均应采用耐磨、不渗水、耐腐蚀、防滑、易清洗的材料，并应处理好地面排水。

⑤ 所有管道均采用暗装处理不符合安全规范。煤气（天然气）管道不允许遮盖。

（2）该加工间的排风量设计不合理。一般厨房排风至少在每小时 30 次。由此可计算出最低排风量为

$$15 \times 5 \times 3.5 \times 30 = 7\,875\,（立方米 / 小时）$$

（3）明沟设计要求

① 当厨房采用明沟设计排水时，应加盖箅子。明沟的建筑材料一般使用不锈钢板材，箅子（盖板）选用防锈铸铁板。

② 沟内阴角做成弧形（U 形）形状，并有水封及防鼠装置；水沟深度为 15 厘米 ~ 20 厘米，水沟坡度为 20‰ ~ 40‰，水沟宽度为 30 厘米 ~ 38 厘米。

③ 出水端网眼采用小于 1 厘米的金属网。

④ 带有油腻的排水，应与其他排水系统分别设置，并安装隔油设施。

案例 2-2：厨房建筑设计缺憾

1. 案例综述

由于案例 2-1 中厨房建筑环境设计问题存在种种缺憾，马力提出要再看看厨房设计平面图，设计方提供了备餐间、冷菜间平面设计图，马力很快发现了厨房建筑设计的不合理处。

① 图 2-13 所示为设计方提供的备餐间设计图。

② 图 2-14 所示为设计方提供的冷菜间设计图。

2. 基本问题

（1）备餐间设计合理吗？为什么？

（2）冷菜间设计合理吗？为什么？

（3）根据厨房的生产特点，提出修改方案。

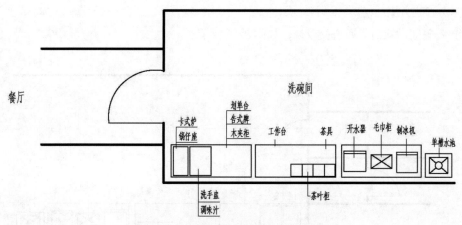

图2-13 设计方提供的备餐间设计图

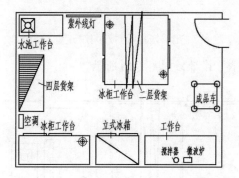

图2-14 设计方提供的冷菜间设计图

3. 案例分析与解决方案

（1）备餐间设计缺憾

缺少"双门双通道"设计。备餐间一般设计在餐厅与厨房的过渡地带，便于开餐时划单、起菜、沟通信息。厨房在开餐生产中的油烟、噪声、高温很容易影响到餐厅就餐环境，因此在厨房与餐厅之间采用双门双道设计，可以有效起到"三隔"（隔热、隔噪声、隔油烟）的作用，同时遮挡了客人直接透视厨房的视线，有效解决了饭店陈设屏风的麻烦。

（2）冷菜间设计缺憾

缺少"二次更衣环境"设计。根据《饮食业厨房设计规范》："冷食制作间的入口处应设有通过式消毒设施"，即二次更衣室。二次更衣室应设有双槽洗手消毒池、挂衣架和工具柜等。

（3）修改方案

① 备餐间"双门双通道"设计，如图 2-15 所示。

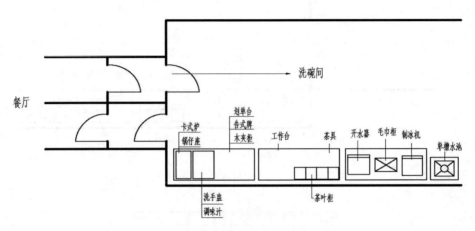

图2-15　备餐间"双门双通道"设计

② 冷菜间"二次更衣"设计，如图 2-16 所示。

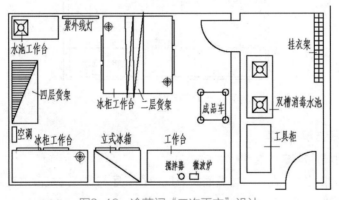

图2-16　冷菜间"二次更衣"设计

案例2-3：厨房布置设计缺憾

1. 案例综述

接案例 2-2，马力又认真审核了加工间和面点间的建筑设计图，加工间和面点间虽然在建筑设计上没有不合理之处，但是却发现在未来的布置上有缺憾，该缺憾会影响厨房生产的正常运行。

（1）设计方提供的加工间原始布置如图 2-17 所示。

（2）设计方提供的面点间原始布置如图 2-18 所示。

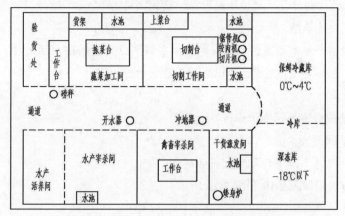

图2-17　设计方提供的加工间原始布置图

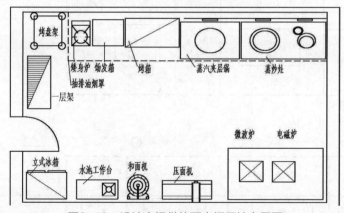

图2-18　设计方提供的面点间原始布置图

2. 基本问题

（1）指出加工间布置的不合理处，说明原因。

（2）指出面点间布置的不合理处，说明原因。

（3）根据厨房生产特点，提出修改方案。

3. 案例分析与解决方案

（1）加工间设计缺憾

水产宰杀间缺少工作台，禽畜宰杀间缺少清洗水池。按照加工间设计的基本要求，加工区域应分别划分肉禽、水产加工台及清洗水池；同时应分别将化冻、切配、蔬菜加工等工序的工作台和清洗池分开，避免原料反流，避免污染。

（2）面点间设计缺憾

缺少必备设备——木制案台。面点制作间多数面点工艺是在木制案台上完成的，有些工艺也需要在大理石案台上完成，所以必须设置案台。

（3）修改方案

① 水产宰杀间设置不锈钢工作台。

② 禽畜宰杀间设置水池。

③ 在面点间增加木制案台和大理石面案台。

修改后的布置图如图 2-19 和图 2-20 所示。

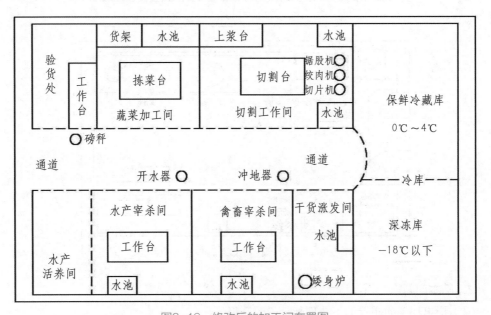

图2-19　修改后的加工间布置图

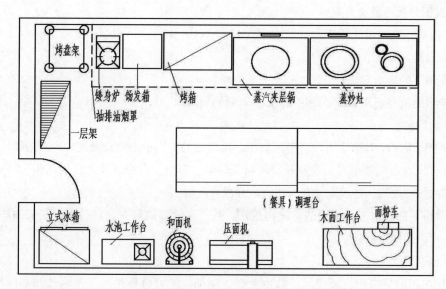

烤盘架

缓身炉 饧发箱 烤箱 蒸汽夹层锅 蒸炒灶

抽排油烟罩

一层架

立式冰箱 水池工作台 和面机 压面机 （餐具）调理台 木面工作台 面粉车

图2-20 修改后的面点间布置图

案例2-4：厨房建筑环境设计失误的后果

1．案例综述

山城饭店重新装修改造完成。厨师们兴高采烈地进入厨房工作，新厨房安装了中央空调，墙面使用了消音装置，厨师工作环境有很大改善。但是厨房在使用了一周后，设计上的缺憾便显露出来。厨师们反映：① 在热加工厨房，每当蒸箱工作时，蒸汽便布满厨房，地面的积水也会增加，厨师需要穿雨鞋才能工作。② 在 L 形厨房布置的灶台拐角处，灶眼附近开餐时的环境温度达到47℃。厨师需三班人马，轮流上灶炒菜，然后吃西瓜、喝啤酒、上厕所才能降温。③ 每当面点间烤箱烤制食品时，房间内充满烤制品的味道和热浪，有时室温高达 50℃。

2．基本问题

（1）鉴于厨师反映的现实问题，你认为应该检查哪些设计环节？

（2）分析问题产生的原因。

（3）请提出解决方案。

3. 案例分析与解决方案

（1）应该检查的设计环节

① 厨房排风系统。

② 蒸箱下的排水方式。

③ 排水的流径面积、流径距离和暗沟的口径直径。

（2）原因分析

① 蒸箱、烤箱、灶台上方没有形成负压，排出去的空气量小于补充进入厨房的新风量。说明设计排风设备的功率时，没有兼顾烤箱、焗炉、蒸箱、汽锅以及蒸汽消毒柜、洗碗机等产生的浊气、废气，造成烟气在厨房区域弥漫和滞留。

② 蒸箱下的排水方式采用的是暗沟排水，且下水地漏数量少、口径小、径流面积大、距离长，所以造成地面积水。

（3）解决方案

① 热加工间应采用机械排风。灶台上部，应加设附有机械排风及油烟过滤器的排气装置。

② 有蒸箱的房间，应分隔成小间，除应加设机械排风外，还应做好凝结水的引泄。

③ 机械通风的换气量通过排风罩排至室外的风量不小于总排气量的 65%。排气罩口吸气速度一般不应小于 0.5 米 / 秒，热加工间的补风量宜为排风量的 70% 左右，负压值不应大于 5 帕；带有蒸箱的厨房供气管表压力宜为 0.2 兆帕。

④ 蒸箱下如果采用暗沟排水，管口的直径不能小于 15 厘米，径流面积一般不大于 25 平方米，径流距离不大于 10 米。

案例2-5：中餐厨房设计布置缺憾

1. 案例综述

王女士 2007 年决定拿出多年的积蓄承包某饭店的中餐厅。由于初次涉足饮食行业，王女士把装修和设备采购的事情都交给了自己的大哥。王女士认为，大哥过去在农村帮人装修过房子，有一定的建筑经验，绝对能胜任。

厨房在地下室，呈 T 字形，大约 20 平方米。王女士的大哥为少占厨房面积，购置了一台带有冰箱的操作案台，为了节约资金，操作台表面选用了较薄的钢板做案台面；水池子两个，洗菜、刷碗可以共用；为保证上菜速度还特意购置了传菜升降梯一部；厨房还配有非专业厂家生产的抽油烟机、炉灶、蒸箱、烤炉、电炸锅等设备，其布置形式如图 2-21 所示。装修完之后，一个可容纳 200 人同时就餐的餐厅就正式开业了。

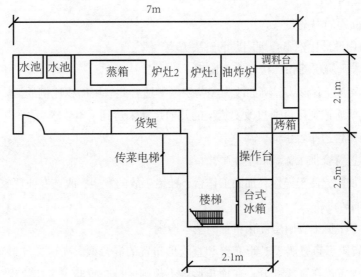

图2-21　可容纳200人同时就餐的餐厅的厨房布置

2. 基本问题

（1）指出厨房设计存在哪些问题。

（2）根据厨房设计布置的原则，提出改进措施。

（3）对于 T 字形中餐厨房如何优化布置？

3. 案例分析与解决方案

（1）厨房设计存在的问题

① 餐厨面积设计比例不合理。该类普通中餐厅 200 个餐位的最小厨房面积为 100 平方米（0.5×200），而该厨房只有约 20 平方米面积。

② 厨房主要通道宽度不够。一人通道的最小间距应为 70 厘米。

③ 加工操作台离水池子太远，不便于初加工。

④ 从初加工、切配到最后的配菜同在一个操作台上，生熟案板共用，不符合食品卫生安全规范。

⑤ 厨房设备购置时忽视了质量问题：案台面钢板过薄，操作时一用力案台面就上下浮

动变形，不易保证菜点产品的质量；设备板材轻薄，导致工作台不稳定，容易出事故；非专业厂家制造的炉灶无法保证使用和安全；冰箱位置通风不良，容易受环境温度过高的影响而损坏。

（2）解决问题的方案要点

① 餐厨面积设计比例不合理问题的解决方案。

方案一：加大厨房面积，接近合理比例。

方案二：改变经营形式，例如改为经营快餐等适合此餐厨面积比例的形式。

② 厨房主要通道宽度可通过改变货架的几何尺寸来达到基本要求。

③ 加工操作台边布置水池。

④ 优化布置符合加工流程和卫生要求。

⑤ 案台面加固，便于操作；加固工作台，杜绝事故的发生；改选专业厂家制造的炉灶；冰箱放置处加通风设备。

（3）对于 T 字形中餐厨房优化布置的基本原则

T 字形中餐厨房布置属于 L 形布置和直线形布置的混合型。在这类异形布置中，应尽量将主工作流程布置在直线部分；在犄角形等不规则区域布置非主工作流程，要特别注意各个加工间在生产工艺流程的配合，使工序之间衔接紧密，避免跳跃、曲折和干涉，以免降低菜点生产效率和增加事故率。

■ 本章实践练习

1. 某厨房加热作业区长约 15 米，宽约 8 米，高约 3 米。根据厨房经营情况，开餐时每小时须换气 50 次，求此厨房开餐时单位时间内排气量应是多少？如果每个送风口每小时可送风 2 600 立方米，求此厨房需要设计几个送风口。

2. 参观本校食堂或烹饪实践操作教室，对其厨房设计与布置进行缺憾分析。

3. 试设计一厨房烹饪作业区（加工区域、热菜烹调与切配区域、面点制作和加热区域、冷菜切配区域任选）。

第三章
厨房设备及其使用方法

厨房设备是指厨房加工、烹调、储存、运输等生产运营中使用的各种器械和工具，这些机具需与厨房土建设备或管线相连接。合理购置设备是厨房生产正常运营的物质保证，正确使用设备是厨房生产顺利运行的前提。

第一节　厨房设备购置的原则

孔子曰："工欲善其事，必先利其器"。方便实用的设备与工具是厨师完成厨房生产任务的基本条件。厨房设备规划应考虑企业经营菜式、供餐人数、供餐方式、原料来源、设备性能与容量、资金预算、安全卫生与政府法规等要素。在选择厨房设备时应该注意以下几个原则。

一　安全性原则

保证安全是购置设备时应遵循的首要原则。它由以下三个方面的因素决定。

1. 由厨房生产环境决定

厨房工作环境一般较差，水、水蒸气、煤气以及空气湿度对设备均有影响。因此，所购置设备应选择防水、防火、防漏电、耐高温、防湿气干扰、防腐蚀性能高的设备。在购置设备时，应特别注意设备的制作材料及规格。例如：厨房由于通道较窄、急转弯较多、明沟造成的地面欠平整等原因，手推车使用不当造成的事故时有发生，而购置带有四个万向轮且具有刹车功能的手推车、餐车可以使此类事故的发生率降低。

2. 由厨师工作性质决定

厨师工作劳动强度高，体力消耗大，易感疲劳，所以厨房设备购置应尽量选择功能先进、操作简便、安全系数高、不宜损坏的型号。

3. 由厨房卫生安全决定

厨房生产首先要保证劳动者的生产安全，设备的表面、金属设备的接缝处应平滑，不应有破损、裂痕与倒刺。所有设备的内角应尽量采用 U 字形结构，以便于清洗和保养。

厨房产品直接关系消费者健康，设备制造材料应无毒、无味、无吸附性，不应影响食品安全和清洁剂的使用，禁止使用镉、铅或其合金材料以及劣质塑料制作食品机械。

二 实用性原则

方便实用是购置设备时应遵循的重要原则，它对于最大限度地发挥设备的生产能力，提高劳动生产效率有重要意义，因此在购置设备时应考虑以下几个因素。

1. 人性化的设计理念

厨房设备应该按照使用者的劳动情景设计，设备在完成其基本功能的同时，还应符合动作经济原则、实用便利原则，尽量方便劳动者使用。如冰箱门的自动回归系统、垃圾桶的脚踏开关盖系统、冷菜间洗手龙头的光感开关系统、防淹没的水池子堵头、储物柜内角的 U 字形设计及可调整的堂板设计、可装卸的柜腿设计等。所有的人性化设计对于减轻劳动者体力消耗、防止厨房劳动安全事故的发生、提高厨房劳动生产率、节约厨房成本费用均有潜在影响。

2. 设备的占地空间

酒店和餐馆一般将营业面积的大部分让给了客用，尽量减少厨房面积，所以厨房设备的选择在功能相同的情况下，应以体积小、占地少为优先。购置厨房机械设备时，设备的尺寸必须根据厨房现有面积空间综合考虑。设备的占地面积，厨师操作时所占用的空间，设备开门的方向及其开门后所占空间，设备的自重及其支撑物的载重能力等问题都会影响设备的安装与使用。

3. 与现有市政设施配套

厨房设备所用能源是购置设备时必须考虑的因素。炉灶使用的气体一般分天然气与煤气两种，也有使用沼气或柴油做燃料的；机械设备使用的电力总量必须与本企业现有电容量匹配；电源插座应与现有插座面板配套；上下水管道的直径要与本企业已有给排水系统吻合。购置设备时，必须事先了解本地区市政建设设施配置的相关信息，以避免购置的设备不能正常运转。

4. 便于清洁、维修与保养

厨房生产运作的特点，决定了厨房设备在使用中必须经常清洗保洁，如蒸烤箱的自动清洗系统，使用免手提的水流自动喷射技术，可实现全自动清洗。

设备的维修、保养及其费用问题也是设备购置时必须考虑的因素。购置设备时应考虑设备的结构是否复杂，维修和清洗时是否便于拆卸和安装，设备的售后服务能否在第一时间到位，设备的修理、维护费用是否昂贵。有些设备的供应商能够承诺全国（全球）联保，不能承诺联保的设备需要确认设备使用地是否有保修机构。诸如此类的问题如果考虑得不周到，将影响厨房的正常生产运作。

三　经济性原则

购置厨房设备必须考虑经济适用性。设备购置决策法是对同类型厨房设备进行收益性分析和费用效益分析，力求以适当的投入购置效用最好、最适合本厨房生产的设备。设备购置决策法主要适用于购置大型生产设备时进行决策分析，基本出发点是利用盈亏临界分析的原理来确定购置某种新设备是否合理。

饮食企业的设备投入使用后，其基本费用可分为两类，一是固定成本费用（F），主要指折旧费和资金利息（E）；二是变动成本费用（V），主要指原材料、水、电、燃料等直接生产费用，它用单位成本费用（Cx）乘以产品数量（X）求得。

设备购置决策法，就是根据购置一台新设备，投入使用后可创造的收入是否大于成本费用支出，来确定购置的合理性。

【例】某厨房欲购置一台自动饺子机，售价 42 000 元，折算固定成本折旧费为 8 400 元／年，资金利息为 5 040（按 12% 的贷款利率计算）。使用该设备生产饺子每千克售价

8 元，每千克饺子的变动成本费用平均为 5 元。问购置这台饺子机可盈利吗？

设：该机成本为 F，贷款利息为 E，变动成本为 Cx，每千克饺子售价为 P，年生产量为 X，则盈亏平均的计算公式为：

$$X = \frac{F + E}{P - Cx}$$

$$X = \frac{8\,400 + 5\,040}{8 - 5} = 4\,480 \text{（千克）}$$

如果该机器一年生产 365 天，则每日最低生产量为：

$$4\,480 \div 365 \approx 12.3 \text{（千克）}$$

答：该设备如果具备每日生产饺子 12.3 千克以上的能力，并且企业每日饺子的销售量大于 12.3 千克，即可盈利。

（四）前瞻性原则

社会时代的不断进步，促使厨房设备革命的速度不断加快。厨房设备的升级换代是社会发展的结果。选择厨房设备必须有时代概念，必须关注环保问题和可持续发展问题，设备功能可以适当超前，切不可选择功能落伍、已被淘汰的设备。

1. 模块化设计

模块化设计是运用模块化成品的概念设计厨房设备，是设计人员在对厨房设备的不同功能（或相同功能不同性能、不同规格）进行分析的基础上，划分并设计出一系列不同功能的产品，通过模块选择和组合，构成多功能厨房设备的设计理念。

现代厨房管理改变传统厨房人员、设备、场地、原料多重组合的作业方式，原始、笨重、功能单一的机械设备逐步被淘汰，取而代之的是精度高、性能稳定、结构简单、成本低廉、模块间联系简单且模块系列化的组合式烹饪设备。厨房设备的模块化设计组合，能够满足厨房生产对设备多品种、多规格、多功能的要求，提高效能价格比并便于维修和置换。这是传统厨房设备设计中未曾出现的模式，这种模式正逐步成为信息时代厨房设备生产设计和生产方式的潮流。图 3-1 所示为模块化组合的活动烹调操作台，它具有以下几个特点。

图3-1　模块化组合的活动烹调操作台

第一，工作台面分三个模块，具备煎炸、烹炒、蒸煮等烹调功能，且模块可增可减。

第二，台面的后方有挡板装置，具备防止烹调过程汁芡外溅的功能。

第三，操作台上方组装了排烟模块，具有净化空气、保护环境的功能。

第四，操作台下方设计了保温箱、冷藏箱模块，便于原料保鲜和菜品保温。

第五，操作台支架底部设计了便于设备移动的轮子。

第六，整个设备采用模块化设计，便于拆卸、清洗、组装。

2. 真空包装技术

真空包装技术起源于20世纪40年代，是保护产品不受环境污染，延长食物的保存期限的一种方法。常规真空包装设备便于固态块状食物的包装，但液态食物、酱汁状食物、粉末状食物进行真空包装时容易流洒。双真空室包装技术不仅具有除氧，防止物品霉变，有效延长保质期，防止食物氧化，保持食物的色、香、味及营养价值不受损的保鲜功能；减少存储空间，增加物品的抗机械压力，方便运输及储藏的存储类功能；同时还具有真空烹饪功能。

包装机的双真空室设计（见图3-2），为真空包装流体、粉末状物品提供有效解决方案，提高各类物品真空封装管理效率。该机器具有以下特点：可充入惰性气体，分离包装袋内氧气的同时保持软松物品的外观视感；一次成型日期打印，记录管理真空包装后物品的保存类别及期限（专为 SOUS-VIDE 低温烹饪技术设计）；适用于各类中小型餐厅厨房使用；为外置式真空盒、瓶、袋的真空处理提供了便利，为厨师使用酱汁、特浓酱汁等真空抽取方案提供前瞻性设计。

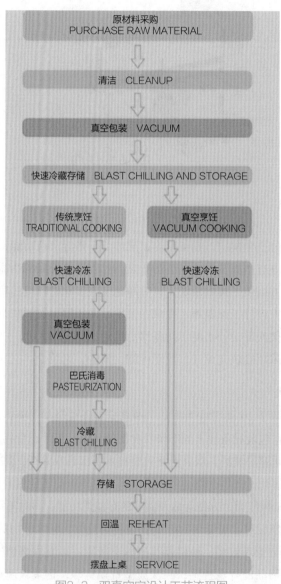

图3-2　双真空室设计工艺流程图

3. 低温烹饪技术

每种食物都有适宜的烹调温度，如果温度不够，就会有细菌残留，从而危害人体健康。但如果温度过高，就会使一些营养物质遭到破坏，甚至产生一些对人体有害的物质。如食物中的水溶性蛋白质过度加热就会形成硬块；肉类中的脂肪过度加热则氧化分解，损失其所含的维生素 A、D；蔬菜中的维生素 C 等也很不稳定，烹调加热温度越高，时间越长，损失就越大。因此烹调中要尽量将食物切得细小一些，以缩短加热时间，减少营养素的损失和变化。美国食品药物管理局建议食物适宜的烹调温度为：整只家禽肉为 82℃；土火鸡和土鸡为 74℃；牛、羊、猪肉为 71℃；蛋类为 71℃（或蛋白和蛋黄煮到凝固状态）；烤肉类为 63℃；蔬菜类为 55℃；剩菜加热为 74℃。低温烹调要使用的特殊设备除真空压缩机外，还需要低温烹饪机。

4. 高温分解自清洁功能

以往在厨房设备设计中烤箱箱体的清洁问题一直没有很好的解决方案，箱体的外表一般用清洁剂、清水擦洗，而箱体内部只能简单清扫，无法彻底清洁。现代厨具设计中引进了高温分解自清洁功能的概念。此功能启动后，烤箱内所有加热元件同时工作，将烤箱内的温度推向 500℃，在此温度下，烤箱内的所有油污都可熔化，而烤箱则完好无损。使用这种温度主动控制程序，最多只需 2 小时，烤箱内壁即可焕然一新。

5. EKIS 系统

EKIS 系统，又称厨房电脑监控系统。它是厨房设备更新的主流，也是未来厨房设备发展的方向。EKIS 系统是在厨房设备的计算机中增加计算机模块，在计算机主机上增加数据采集卡。安装 EKIS 软件，可通过网络传输监控厨房设备的运转是否正常。例如：万能蒸烤箱上的 EKIS 系统，可设置烹饪温度和时间，从而监控设备工作时的加热温度、烹调时间是否正常；在冰箱上安装 EKIS 系统，可监控冰箱工作温度、一天中冰箱开启门的次数。一旦设备出现问题，在计算机主机上就会有报警提示和设备工作状况记录，便于分清责任和及时维修。EKIS 系统还可以通过上网，做到数据网络传输，从而进行远程监控。

目前在急速解冻柜与冷冻柜、大型冷库、可倾式压力炒锅、万能蒸烤箱、电磁炉、锯炉等现代化厨房设备中，都可以安装 EKIS 系统。

6. SD 卡

SD 卡是厨房先进的烘烤设备使用的程序内存卡，其功能是根据厨师的需要来更加简单方便地操作设备。它是预先通过计算机,将菜肴的制作顺序、烹制时间等要求进行编程设计,储存在 SD 卡内,再通过 SD 卡把预先编好的程序输入设备中。在制作菜肴时,厨师只需简单按键就可以完成复杂的烹调过程,使菜肴达到理想的烹饪效果。

7. 控制面板

控制面板是现代厨房设备的一个基本组件,它通过按键、旋转钮或触摸屏完成对设备各功能的操作,是近些年在食品机械设计领域被普遍采用的人性化设计,它使机械操作更方便,设备控制更准确。控制面板上不同的按键一般以中文或英文注明其烹调意义,而国外的进口设备则常以图标的形式表示烹调意义,工艺过程中按相应键即可烹调。

目前关于厨房设备控制面板的图标没有统一的标准和规范,各制造商对设备不同烹调意义所使用的图标也各不相同。因此厨房购置新设备后,要仔细阅读说明书,掌握控制面板各图标的真实烹调意义后再操作。

（1）按键功能。表 3-1 介绍的是伊莱克斯公司厨房设备图标表示的烹调意义。

表3-1 伊莱克斯操作指示图标的烹调意义

图标	烹调意义	特征
	开关	打开开关、关闭开关
	蒸	蒸制温度范围：30℃～130℃
	蒸烤	蒸烤温度范围：30℃～300℃
	烘烤	烤制温度范围：30℃～300℃
	温度计	选择范围：30℃～300℃

图标	烹调意义	特征
	时间探针	时间选择
	功能选择	旋转滚轮选择所需功能程度
	其他功能（U）	含暂停、再加热、蒸煮保温、HACCP、半自动清洗循环、风扇速度减半、加热功率减半、节省功能、炉腔排气、手动注水键、锅炉手动排水键、炉腔迅速降温等功能
	开始 / 停止运行 （START/STOP）	烹调加热开始 / 停止运行
	清洗功能（P）	根据设备清洁程度，选择清洗等级
	原始状态 查询	原始设定温度、时间或预设定时间
	闹钟键	时间提醒
	功率减半（Soft）	只采取锅底加热
	HACCP	计算机监控系统，保证原料烹制过程的安全可靠性

（2）触摸屏功能。触摸屏是比按键更直接、更简单的屏幕式控制面板，所有预先设定的手动设计程序均能显示在触摸屏上，这种控制方式使操作者对设备的功能一目了然。

表 3-2 是 ALTO-SHAAM 公司万能蒸烤箱触摸屏控制面板指示图标的烹调意义，图 3-3 所示为 ALTO-SHAAM 触摸屏式控制面板的显示图。

表3-2　ALTO-SHAAM产品操作指示图标的烹调意义

图标	烹调意义	特征
	蒸汽模式	自动蒸 100℃；快速蒸 101℃ ~ 121℃；低温蒸 29℃ ~ 99℃，水煮或隔水蒸
	蒸烤模式	蒸汽和热风对流模式，使升温更快、蒸汽更足；提高产量、质量和保质期；自动控制温度；温度范围 100℃ ~ 252℃
	热气干烤模式	烹饪、烤；温度范围 29℃ ~ 252℃
	回温模式	散装食品或盆装肉类经自动调节蒸汽回温；自动控制温度；温度范围 118℃ ~ 160℃
	上色功能	可设置自动褐变上色功能，或在蒸烤、烤的模式下设置程序为食品添加额外的颜色
	烟熏功能	可用天然木屑烟熏热的或冷的任何食品；可在蒸烤或烤的模式下进行；此功能可以编程进操作程序

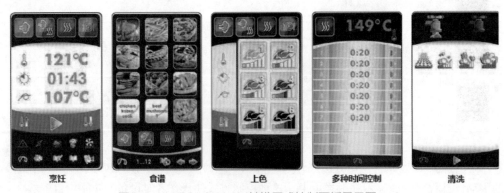

图3-3　ALTO-SHAAM触摸屏式控制面板显示图

第二节　厨房常用加热设备及其使用方法

 烤箱、烤炉

1. 电热烤箱与微波炉烤箱

电热烤箱是目前大部分宾馆、酒店面点厨房必备的设备，主要用于焙烤各种中西糕点，也可烹制菜肴。加热方法上通常分为常规式、对流式、旋转式和微波式。规格上有单门单层、单门多层、多门单层、多门多层等。通过旋转温度调节钮，可将面火和底火的温度设定在 60℃ ~ 350℃之间。有些烤箱在控制面板中带有烤箱内照明灯的开关，烤制过程中可随时打开照明灯观察制品颜色和形态变化。

微波是以光速直线传播的，对物体有一定的穿透性。微波对物料的加热是在物料的内外同时进行，而并非常规热源的加热是以传导、对流、辐射三种方式完成，因此微波加热具有瞬时升温的特点。微波炉烤箱一般含有 1 500 瓦对流热风、1 680 瓦烧烤、1 300 瓦微波三种功能。有些微波炉烤箱还可通过 SD 卡将上百种菜谱通过编程储存在微波炉电脑内，简单实用，适合连锁饭店使用，可以提高服务效率。

微波炉烤箱的控制面板上有八种模式、五种火力可供选择。八种模式包括：微波（microwave）、烤（grill）、风扇烧烤（fan grill）、热风对流烤（convection）、预热（preheat，3 种温度 190℃、220℃、240℃，可进行 4 小时预热定时）、混合模式（combination，即组合式专业热风对流加热）、降温（cooling，快速冷却以迅速降低炉内温度）、灯光（lamp）。五种火力包括：大火、中火、小火、微火、解冻。厨师要能够根据烤箱使用标识卡独立、准确地进行操作，电热烤箱的操作标识卡如表 3-3 所示。

2. 链式烤炉（比萨烤炉）

链式烤炉也是烤箱的一种，这种设备在加热的同时，通过履带将烤制成熟的点心传送到设备的出口，履带的长度和传送速度可根据加热对象的特点调节，目前专业比萨饼生产普遍使用这种设备。

专营比萨店通常将烤箱的入口设置在厨房（方便厨师将比萨生坯放入烤箱），将出品口设置在餐厅（方便销售），这既保证了食品运送中的卫生安全，又节约了人力成本。

链式烤炉侧面居中的小窗口，有两种功能：一方面在传送链停止的情况下可打开用于原料的预热；另一方面在传送链运行的情况下，放入原料，即可从传送链的一半进行烘烤（用

于不同需求烤制程度的调节）。不使用时应关闭窗口。厨师要能够根据链式烤箱使用标识卡独立、准确地进行操作，链式烤炉的操作标识卡如表 3-4 所示。

表3-3　电热烤箱操作标识卡

责任人： 替班人： 监督人：	安全操作规程	
	1. 接通电源，打开开关。通常是按控制面板中的绿色按钮 2. 设定底面火温度：绿灯亮时温度指示窗中指针指示的温度，是此刻烤箱实际到达的温度；红灯亮时指针指在所设定的温度 3. 确定加热时间：直接在控制面板上按所需时间的数字（以秒计算） 4. 烤制产品：打开烤箱门，放入待加热的半成品生坯。按 start 键开始工作，热加工完成后，自动报警装置鸣笛 5. 结束工作：关闭自动报警设置，取出原料，关闭烤箱门 6. 关闭烤箱开关，切断电源	
		标准要求
		1. 平稳放于指定位置 2. 烤箱内外做到无油污、无水迹、无食物残渣 3. 严格按安全操作说明书操作 4. 配套使用的隔热手套放置在附近指定位置
清理 时间	随用随整理	
检查 时间	每餐下班前	

表3-4 链式烤炉操作标识卡

	安全操作规程	

责任人：
替班人：
监督人： | 1. 接通电源，打开开关
2. 确定烤制温度：在控制面板上按温度键，再通过按上下键调节所需的上火温度，按左右键调节所需下火温度。调好后按确定键
3. 确定履带传送速度：在控制面板上按时间键，再按左键为分钟设定，通过上下键进行调节；按右键为秒设定，通过上下键进行调节
4. 开始工作：设置完成后按确定键
5. 操作完成后，放入的面坯会随着传送链从开始一端到结束的另一端，最后送出烤炉
6. 使用完后关闭开关，切断电源 |  |
| | | 标准要求 |
| 清理时间 | 随用随整理 | 1. 平稳固定放于指定位置
2. 烤箱内外做到无油污、无水迹、无食物残渣
3. 严格按安全操作说明书操作
4. 配套使用的隔热手套、送料铲放置在附近指定位置 |
| 检查时间 | 每餐下班前 | |

3. 万能蒸烤箱（电力蒸汽对衡式焗炉）

万能蒸烤箱是近些年问世的集烤、蒸烤、蒸、微波、烟熏等功能于一体的新型加热设备，其能源可以使用燃气，也可以使用电力。万能蒸烤箱兼备热干风、蒸汽、微波、烟熏等多种功能，充分利用强风循环的优势，在短时间内可烹调出大量食物。万能蒸烤箱有以下特点。

第一，功能范围广泛，型号选择齐全。万能蒸烤箱可根据供餐人数、供餐方式的需求，选择不同容积（6盘到40盘）、不同容量（烤盘尺寸从gn1/1、gn1/2到gn1/4不等）的型号；还可以根据烹调方式的需求，选择蒸、烤、焗、微波、烟熏等不同功能的配置。

第二，节约厨房空间，节省设备资金投入。万能蒸烤箱不但具有一般蒸箱、烤箱、焗炉、微波炉的熟制功能，还可替代平底锅、扒炉。

第三，使用方便灵活，可预先设定烹调程序。当万能蒸烤箱的温度设定在100℃以下时，可熟制蔬菜类菜肴并使其质地鲜嫩；当温度设定在100℃～130℃范围内时，适合用焖、炖的方法烹制肉类原料；当温度设定为140℃～250℃时，就可烤出不同质地和特点的点心。

在烤制肉类原料时，为防止原料失水，可选用蒸烤模式，即在烤制肉类原料的同时，烤箱体内产生蒸汽，使肉制品表面迅速熟制并锁住水分，从而保证烤制品多汁不柴。另外，对于牛肉、火腿肉等需要长时间烤制的食物，只要厨师预先设定程序，就可以在无人照看的夜间烹制出嫩滑多汁的成品。

第四，缩短烹调时间，减少水分流失。万能蒸烤箱的蒸烤速度比传统烤箱快4倍，从而减少了食物中水分的流失，保持了食物的鲜嫩。

万能微波蒸烤箱的特点是：无须解冻即可直接烹调冷冻食品，使熟制时间节省一半；而且不同原料同时烹调时不会相互串味。万能微波蒸烤箱具备三种烹饪模式：① 自动模式。通过人工选择按钮，确定菜肴的种类、重量、新鲜、冷冻和烹调成熟度，剩下的工作就让机器自动完成。② 预编程模式。根据标准食谱进行简单的预编程，只需按一下按钮，机器便可根据编程自行操作。③ 手动模式。设备计算机芯片中有6种多功能传感设置，通过生产者选择烹饪模式和温度进行烹调。

万能烟熏蒸烤箱的特点是：在原有蒸烤箱的基础上增加了烟熏功能，就是在烤制食物的同时产生烟气，围绕在食物周围，增添食物的烟熏味道。烹调时既可根据消费者的不同需求，使用木炭、木柴或果木（山核桃木、苹果木、樱桃木等）；还可根据生产者的不同情况使用无烟烧烤、冷烟循环或储存循环功能。这种烤箱与一般的加热器一样，当热量达到一定的高度时，可使木炭生烟，但不会使木柴燃烧产生火焰。

每个品牌的万能蒸烤箱都有自己的默认键，品牌不同，默认键也有所区别，厨师要能够根据万能蒸烤箱使用标识卡独立、准确地进行操作，万能蒸烤箱的操作标识卡如表3-5所示。

表3-5 万能蒸烤箱操作标识卡

		安全操作规程	
责任人： 替班人： 监督人：		1. 接通电源，打开进水阀门 2. 打开开关，机器预热 10 ~ 20 秒即可使用 3. 确定功能：选择功能键，湿度（0% ~ 100%）根据需要微调 4. 确定温度：按温度计键，转动滚轴，选择温度 5. 调节时间或调节探针温度：按钟表探针键，钟表灯亮，转动滚轴，选择时间；如需原料内部温度，把探针插入原料，按钟表探针键 6 个检测点转动滚轴，确定所需温度	
			标准要求
清理 时间	随用随整理	6. 确定其他功能：根据生产情况选择图标 u 按键 7. 烹调加热运行：按 start 键 8. 结束烹调：菜肴烹制完成，打开箱门取出食物（打开和关闭炉门，需要转动两下扳手，此设计的目的是防止一下打开炉门，操作人员被热气烫伤）	1. 平稳放于指定位置 2. 烤箱内外做到无油污、无水迹、无食物残渣 3. 严格按安全操作说明书操作 4. 配套使用的隔热手套放置在附近指定位置
检查 时间	每餐下班前	9. 清洗功能：全自动无菌清洗装置符合 HACCP 国际卫生标准，蒸烤箱底部可更换洗涤剂 10. 不再继续使用时，应关闭开关和进水阀门，切断电源	

保温设备

1. 烹调保温箱

烹调保温箱是一种通过低温烤制肉类制品的设备。烹制完成的食物或半成品，如果当时不使用，也可放入保温箱保持其本身的温度。保温箱可以根据需要调节温度，并可做到恒温控制。这类设备一般使食物温度保持在60℃（140°F）以上，以防止细菌生长，同时使产品口感鲜嫩、色泽自然、保持营养。厨师要能够根据保温箱使用标识卡独立、准确地进行操作，保温箱的操作标识卡如表3-6所示。

表3-6　保温箱操作标识卡

	安全操作规程	
责任人： 替班人： 监督人：	1.温度设定：接通电源，顺时针旋转控制面板上温度设定旋钮，将指针指向食物保温时所需要的温度（0℃～110℃） 2.保温食物：当控制面板实际温度指示到达所需温度时，打开柜门放入食物，关好门，食物开始保温 3.结束保温：当食物取出结束保温程序后，关闭电源开关	标准要求
清理时间		1.虽可移动，但使用时必须平稳放于指定位置 2.烤箱内外做到无油污、无水迹、无食物残渣 3.严格按安全操作说明书操作
	随用随整理	
检查时间	每餐下班前	

2. 保温柜

保温柜的种类很多，可根据厨房生产需要选择购置。抽屉式保温柜占地面积小，节省空间，可置于案台上。立式（移动）保温柜一般有双门和单门两种，最大优点是可根据生产需要进行移动（如从厨房移至宴会现场）。保温柜具有四壁电阻加热，密封性强，在保温的同时不流失食物中水分的特点。厨师要能够根据抽屉式保温柜使用标识卡独立、准确地进行操作，抽屉式保温柜的操作标识卡如表3-7所示。

表3-7　抽屉式保温柜操作标识卡

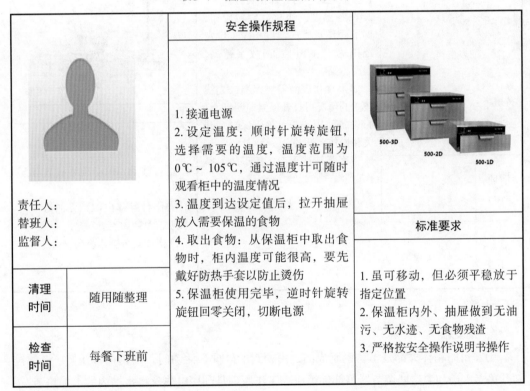

	安全操作规程	
责任人： 替班人： 监督人：	1. 接通电源 2. 设定温度：顺时针旋转旋钮，选择需要的温度，温度范围为0℃~105℃，通过温度计可随时观看柜中的温度情况 3. 温度到达设定值后，拉开抽屉放入需要保温的食物 4. 取出食物：从保温柜中取出食物时，柜内温度可能很高，要先戴好防热手套以防止烫伤 5. 保温柜使用完毕，逆时针旋转旋钮回零关闭，切断电源	标准要求
清理时间　随用随整理 检查时间　每餐下班前		1. 虽可移动，但必须平稳放于指定位置 2. 保温柜内外、抽屉做到无油污、无水迹、无食物残渣 3. 严格按安全操作说明书操作

3. 保温操作台

保温操作台是一种台式的保温设备，它可以面对客人，直接为客人服务，一般适合于在餐厅使用。厨师要能够根据保温操作台使用标识卡独立、准确地进行操作，保温操作台的操作标识卡如表3-8所示。

表3-8　保温操作台操作标识卡

	安全操作规程	
        责任人： 替班人： 监督人：	1. 接通电源，打开操作台开关 2. 设定温度：逆时针旋转旋钮，调节操作台底部温度档位（设定范围为1～10档）；数字越高，温度越高 3. 如果食物表面需要保温或光线较暗的情况可打开保温照明灯 4. 设备使用完毕，关闭保温灯开关和操作台开关 5. 将案板清洗干净，擦干放回操作台	
		标准要求
清理 时间	随用随整理	1. 虽可移动，但必须平稳放在案台上 2. 操作台各部位做到无油污、无水迹、无食物残渣 3. 严格按安全操作说明书操作
检查 时间	每餐下班前	

4. 饧发箱

　　饧发箱的箱体大都是不锈钢制成的，由密封的外框、活动门、不锈钢管托架、电源控制开关、水槽和温湿度调节器等部件组成。工作原理是利用电热丝将水槽内的水加热蒸发，使面坯在一定的温湿度条件下充分发酵、膨胀。饧发箱工作时，风机在加温和加湿时，自动转动吹出风量，将饧发箱内的温度和湿度搅拌均匀，如此循环，使箱内温度保持在设定的范围内。夏天使用饧发箱，当室内温度较高时，可根据实际情况停止加热系统，只启动加湿系统补充箱内的湿度。

一般是将饧发箱的温度和湿度调节到理想状态（工作温度：36℃～38℃，湿度：30%～100%）后再进行制品的发酵。当旋钮上方的加热指示灯亮时，表示设定程序完成，已通电加热；当箱内温度达到设定温度后，加热指示灯熄灭，表示发酵箱已自动进入恒温状态，箱内将保持设定的温度和湿度。

在使用时应注意饧发箱要放置平稳，确保水箱内有水，能正常使用。另外，饧发温度不宜过高，否则会影响酵母菌繁殖，甚至引起菌种死亡。厨师要能够根据饧发箱使用标识卡独立、准确地进行操作，饧发箱的操作标识卡如表3-9所示。

表3-9　饧发箱操作标识卡

	安全操作规程	
	1. 接通电源，确定水箱有水后，打开总开关。如果水箱内没有水，应先加入清水后再打开开关 2. 设置温度：通过触摸屏设置温度 3. 当温湿度符合要求后，即可放入面坯 4. 饧发完成后，取出面坯 5. 工作结束，关闭开关，断开电源	
责任人： 替班人： 监督人：		标准要求
清理时间　随用随整理		1. 平稳放置于烤箱附近 2. 饧发箱内外做到无油污、无水迹、无面渣 3. 严格按安全操作说明书操作 4. 适时给水箱换水、补水
检查时间　每餐下班前		

炉灶

1. 扒板炉

扒板炉是炉灶设备的一个基本组件模块，是通过铁板和食用油传热，将烹饪原料熟制的炉灶设备，主要烹制原料为家畜肉类、海鲜类。扒板炉分为坑式扒板炉和平式扒板炉两种，用坑式扒板炉烹制食物，可使原料表面出现条纹，做出的菜品比较美观。厨师要能够根据扒板炉使用标识卡独立、准确地进行操作，扒板炉的操作标识卡如表 3-10 所示。

表3-10　扒板炉操作标识卡

	安全操作规程	
责任人： 替班人： 监督人：	1. 接通电源 2. 打开控制开关：在控制面板上顺时针旋转旋钮，打开并设置烹调所需要的温度（温度范围 0℃～300℃） 3. 关闭控制开关：烹调结束后，逆时针旋转旋钮，回零关闭	标准要求
清理 时间 / 随用随整理		1. 平稳置于灶台上 2. 操作台各部位做到无油污、无水迹、无食物残渣 3. 保持坑式槽内干净 4. 严格按安全操作说明书操作
检查 时间 / 每餐下班前		

2. 炸炉

炸炉是采用单一烹饪方法——油炸，使原料熟制的炉灶设备，可作为炉灶设备的一个基本组件模块与其他模块组合使用。炸炉主要由长方形油槽、油脂过滤器、钢丝炸篮及热能控制装置组成。炸炉大部分以电供能传热，可自动控制油温。厨师要能够根据炸炉使用标识卡独立、准确地进行操作，炸炉的操作标识卡如表3-11所示。

表3-11　炸炉操作标识卡

	安全操作规程	
  责任人： 替班人： 监督人：	1. 打开炸炉盖，倒入植物油 2. 打开开关，选择温度档位和烹饪时间 3. 炸制原料，成熟后可将网筐架起，控油 4. 炸制结束后，所有旋钮回零关闭 5. 清洗油槽：打开底部柜门，各有左右两个控油槽，按住红色扳手右侧按钮，同时向下扳动红色扳手，炸炉的油就可通过滤网滤到油槽中，清洗滤网中的残渣。过滤完后，按住按钮把红色扳手复位。根据油的使用情况，继续使用或更换新油 6. 关闭柜门	
		标准要求
清理时间　随用随整理 检查时间　每餐下班前		1. 平稳放在固定位置 2. 操作台各部位做到无油污、无水迹、无食物残渣 3. 严格按安全操作说明书操作 4. 适时清洗油槽

3. 热板炉

热板炉是炉灶设备的一个基本组件模块，是一种通过铁板传导热能的加热设备。它利用燃气炉头和热板炉的结合，达到缓慢加热的目的。热板炉加热板的中心区域温度一般可达到500℃，外部边缘区域的温度一般为200℃左右。烹调中有些菜肴需要先在炉具上烹饪，然后移至热板炉继续慢煮，这样烹调出的沙司、鲜汤和炖食味道更鲜美。厨师要能够根据热板炉使用标识卡独立、准确地进行操作，热板炉的操作标识卡如表3-12所示。

表3-12　热板炉操作标识卡

	安全操作规程	
 责任人： 替班人： 监督人：	1. 打开热板炉开关：根据生产需要，将前后部开关分别或同时打开，顺时针旋转旋钮，设置加热温度档位（一般分 1 ~ 12 档） 2. 当温度达到设定值时，即可放置平底锅等铁制器具进行烹调 3. 工作结束：将旋钮逆时针旋转回零，关闭	
清理时间 ‖ 随用随整理		标准要求
检查时间 ‖ 每餐下班前		1. 平稳固定放置在燃气炉或电热炉上 2. 操作台各部位做到无油污、无水迹、无食物残渣 3. 严格按安全操作说明书操作

4. 电磁炉

电磁炉可作为炉灶设备的一个基本组件模块，是采用磁场感应涡流加热原理，利用电流通过线圈产生磁场，当磁场内的磁力通过含铁质锅底部时，即会产生无数小涡流，使锅本身自行高速发热，再加热锅内食物。电磁炉具有自动性、多功能性、防水性、无废气、无明火、节能省电、操作简单、使用方便等特点。厨师要能够根据电磁炉使用标识卡独立、准确地进行操作，电磁炉的操作标识卡如表 3-13 所示。

表3-13　电磁炉操作标识卡

		安全操作规程	

责任人： 替班人： 监督人：		1. 接通电源 2. 打开开关，设置功能：在控制面板上通过按钮（或旋钮）确定烹调方法、温度、火力 3. 使用平底锅进行菜肴烹制 4. 工作结束：关闭开关，切断电源	标准要求
清理 时间	随用随整理		1. 虽可移动，但必须平稳放在案台上 2. 电磁炉各部位做到无油污、无水迹、无食物残渣 3. 严格按安全操作说明书操作
检查 时间	每餐下班前		

5. 燃气灶

在厨房中，灶是最主要的烹调设备，尽管它的部分功能已被一些设备（如蒸烤箱、炸炉等）取代，但是灶还是厨房设备不可缺少的一部分。灶的种类很多，有明火灶、平顶灶、感应炉灶等，但燃气灶是最常用的一种，可配合使用各种类型的锅来烹制食物。厨师要能够根据燃气灶使用标识卡独立、准确地进行操作，燃气灶的操作标识卡如表3-14所示。

表3-14　燃气灶操作标识卡

		安全操作规程	
		1. 打开燃气阀门 2. 打火：按住旋钮，逆时针对准星号旋转自动电子打火，继续旋转开关到火苗位置（可选择火力大小），同时，子火点燃 3. 在燃气灶上放锅，即可把主火点燃，进行全部加热 4. 烹制完成后，当锅离开燃气灶后，主火自动熄灭 5. 不使用炉灶时，应将旋钮旋转回零，并将子火熄灭 6. 长时间不使用的炉灶，要关闭燃气总阀门	
责任人： 替班人： 监督人：			标准要求
清理时间	随用随整理		1. 平稳地放在固定位置 2. 灶台各部位做到无油污、无水迹、无食物残渣 3. 严格按安全操作说明书操作
检查时间	每餐下班前		

注意事项：

（1）要注意确保打开燃气开关前点火器已点燃，如果点火未着，要关掉燃气开关，保持通风一段时间，再点燃。

（2）调节好火力，保证最大火苗为蓝色焰身、白黄色焰尖。

6. 焗炉

明火焗炉又称面火焗炉，采用燃气或电力供能。焗炉通过炉灶顶部加热，使食物上方吸收热量，食物放在热源下方。焗炉有两种：一种是体积较大的明火巨焗炉，它产生的热量高、耗电多。功率大的明火焗炉温度甚至可达1 100℃，主要用于批量焗制菜肴。另外一种撒拉曼达（Salamander）是小型的墙上明火焗炉，该焗炉炉膛中间有铁架，通过右侧的扳手可调节铁架的高度，一般适用于食物表面上色和表面加热，常挂在炉灶上方的墙面上。

厨师要能够根据焗炉使用标识卡独立、准确地进行操作，焗炉的操作标识卡如表3-15所示。

表3-15　焗炉操作标识卡

	安全操作规程	
  责任人： 替班人： 监督人：	1. 打开燃气阀门或电闸 2. 调节焗烤距离：根据食物原料所需焗烤的程度，调整好焗炉架子与炉膛顶部间的距离 3. 点燃焗炉：打开开关，调节温度大小 4. 烹制食物：将装有食物原料的容器放在铁架上焗烤。焗烤完成后，将食物从焗炉中取出 5. 不再继续使用焗炉时，关闭开关 6. 切断煤气阀门（电闸）	
		标准要求
清理时间　随用随整理 检查时间　每餐下班前		1. 稳固悬挂于墙上，或放置在平稳的案台上 2. 焗炉内外做到无油污、无水迹、无食物残渣 3. 经常检查水箱，及时注水、撤水 4. 严格按安全操作说明书操作

7. 电力可倾式汤锅

电力可倾式汤锅的夹层中存有蒸汽，所以使锅的周围和底部能够同时加热，受热面积大，而且加热的速度也大大增加，它具有热效率高，加热温度更容易控制等特点，主要用于制作各种汤菜。由于其烹制时间短，避免了食物中营养成分的丧失和变味。因此，它的使用越来越普遍。厨师要能够根据电力可倾式汤锅使用标识卡独立、准确地进行操作，电力可倾式汤锅的操作标识卡如表3-16所示。

表3-16 电力可倾式汤锅操作标识卡

	安全操作规程	
    责任人： 替班人： 监督人：	1. 接通电源，打开开关 2. 温度功能键调节：按住温度键，旋转滚轮调节所需要的温度。右转调高温度，左转调低温度 3. 时间功能键调节：按住时间键，旋转滚轮调节所需要烹制的时间。右转增加时间，左转减少时间 4. 预设定时间功能键调节：按住闹钟键，旋转滚轮调节预定开启的时间。右转增加时间，左转减少时间	
清理 时间	随用随整理	**标准要求** 1. 平稳放在固定位置 2. 锅体内外各部位做到无油污、无水迹、无食物残渣 3. 严格按安全操作说明书操作
检查 时间	每餐下班前	

其他一些功能键的操作说明如下。

（1）查询原始设定状态功能键：按住"眼睛"功能键，即可看到原始设定好的温度、时间或预设定时间。

（2）底部加热功能键：按住 Soft 功能键，即功率减半，只采取锅底加热。

（3）HACCP 功能键：可采用计算机监控系统，保证原料烹制过程的安全可靠性。

（4）设置好所有程序后，锅中放入原料，盖好锅盖，设备自动进行煮制，待完成后自动报警关闭。

（5）打开锅盖，在设备左侧有旋钮可控制汤锅倾斜。向右旋转旋钮，直到压力炒锅自动向下倾斜到适合的位置，即可松开旋钮，倒出原料。

（6）清洗完毕后，向左旋转旋钮直到炒锅复回原位，即可松开。

（7）使用完毕后，关闭设备总开关，切断电源（可根据使用频率决定）。

8. 电力（燃气）可倾式压力炒锅

可倾式压力炒锅是一种大而深的平底锅，它具有倾斜机制，可使锅内液体流出，是在电力可倾式汤锅的基础上，增加压力功能，从而缩短烹制时间，适用于批量菜肴的烹制，可采用煎、炒、烹、炸、煮、炖等多种烹调方法。厨师要能够根据可倾式压力炒锅使用标识卡独立、准确地进行操作，可倾式压力炒锅的操作标识卡如表3-17所示。

表3-17　可倾式压力炒锅操作标识卡

	安全操作规程	
责任人： 替班人： 监督人：	1. 接通电源，打开开关 2. 温度功能键调节：按住温度键，旋转滚轮调节所需要的温度。右转调高温度，左转调低温度 3. 时间功能键调节：按住时间键，旋转滚轮调节所需要烹制的时间。右转增加时间，左转减少时间 4. 预设定时间功能键：按住闹钟键，旋转滚轮调节预定开启的时间。右转增加时间，左转减少时间	
		标准要求
清理时间	随用随整理	1. 平稳放在固定位置 2. 锅体内外各部位做到无油污、无水迹、无食物残渣 3. 严格按安全操作说明书操作
检查时间	每餐下班前	

其他一些功能键操作说明如下。

（1）查询原始设定状态功能键：按住眼睛标志功能键，即可看到原始设定好的温度、时间或预设定时间。

（2）底部加热功能键：按住 Soft 功能键，即功率减半，只采取锅底加热。

（3）HACCP 功能键：可连接计算机，采用 EKIS 软件进行计算机远程监控，并在计算机上记录下烹饪过程数据，可保证原料烹制过程的安全可靠性。

（4）烹制食物：设置好所有程序后，锅中放入原料，分别向前推动锅盖右侧扳手和向左扳动锅盖底部扳手，封闭锅盖，同时顺时针关闭蒸汽阀门，即可自动按预先设定的程序进行烹制。

（5）待烹制完成后，设备自动报警后即可逆时针扳动把手蒸汽阀门进行放汽。蒸汽放完后，向回扳动锅盖右侧扳手和向右扳动锅盖底侧扳手，锅盖即可打开。

（6）在设备左侧向右旋转按钮，直到压力炒锅自动向下倾斜到适合的位置，即可松开按钮，倒出原料。清洗完毕后，向左旋转按钮直到炒锅复回原位。

（7）最后关闭设备总开关，切断电源（可根据使用频率决定）。

9. 凹面电磁灶

凹面电磁灶是为适应中餐煸锅的使用专门设计的。电磁热能设备具有操作简单，使用方便，加热速度快，热效率高以及高效的节能、环保清洁效果（比一般液化气灶节能45%以上；电磁灶具热效率可达到90%，传统电气灶具为65%，而燃气灶具仅能达到55%），无明火（灶具面板不发热），安全性好，精确控制温度，无烟、无废气排放，美观耐用等优点。厨师要能够根据凹面电磁灶使用标识卡独立、准确地进行操作，凹面电磁灶的操作标识卡如表3-18所示。

表3-18　凹面电磁灶操作标识卡

	安全操作规程	
责任人： 替班人： 监督人：	1. 接通电源 2. 顺时针旋转开关旋钮打开，同时继续顺时针旋转，设定所需要火力大小的档位（1～9档） 3. 等待锅热后，即可进行烹炒 4. 烹制完成后，逆时针旋转开关钮回零，关闭 5. 长时间不使用时，应切断电源	
		标准要求
清理时间	随用随整理	1. 虽可移动，但必须平稳放在固定台面上 2. 电磁灶各部位做到无油污、无水迹、无食物残渣 3. 严格按安全操作说明书操作
检查时间	每餐下班前	

10. 电磁中餐炒灶

大功率电磁灶可进行煎、炒、炸、煮等所有中西餐烹饪，具有非常强的功率（火力）和可靠性，具有升温速度快、无噪声、操作方便、精确控温、清洁环保等优点，而且节能效果明显。拿一台 12 千瓦的电磁灶眼与耗气 3 立方米 / 小时的燃气灶相比，电磁灶烧开 10 千克水所用的时间为 5 分钟，耗电 1.05 度，费用开支 1.05 元；而燃气灶烧开同一锅水的时间为 16 分钟，耗气量为 0.92 立方米，费用为 2.04 元，电磁灶节能效果明显。此外电磁灶因无需明火和传导式加热方式，不但适用于任何传统灶具的使用场所，还特别适用于大厦、超市、仓库、地下室及飞机、轮船等无燃烧供应和禁火场所。厨师要能够根据电磁中餐炒灶使用标识卡独立、准确地进行操作，电磁中餐炒灶的操作标识卡如表 3-19 所示。

表3-19　电磁中餐炒灶操作标识卡

	安全操作规程	
责任人： 替班人： 监督人：	1. 接通电源，绿色指示灯变亮 2. 按红色按钮，打开开关 3. 火力控制：左右扳动扳手，可调节火力大小（向左火力变小，向右火力变大），同时可进行烹饪 4. 烹制结束后，关闭开关。若长时间不使用，则切断电源	
		标准要求
清理 时间	随用随整理	1. 平稳放在固定位置 2. 灶内外各部位做到无油污、无水迹、无食物残渣、表面光洁 3. 严格按安全操作说明书操作
检查 时间	每餐下班前	

11. 电磁中餐大锅灶

电磁中餐大锅灶的工作原理是利用高频变换器将电流转化为高频电流，当高频电流通过感应线圈形成高频磁场作用于锅底时，就会在铁锅底下产生很大的涡流，使锅自身产生热量，对食物进行加热。该锅无燃烧废气，省水，无噪声，可制作大批量炒菜、炖菜等，使用简单方便。使用此锅的厨房甚至可以安装中央空调，可以大大改善厨房的工作环境，降低厨师的劳动强度，可广泛应用于饭店、火车、机关、部队、企事业单位食堂、林场及各种严禁明火的地方。厨师要能够根据电磁中餐大锅灶使用标识卡独立、准确地进行操作，电磁中餐大锅灶的操作标识卡如表3-20所示。

表3-20　电磁中餐大锅灶操作标识卡

	安全操作规程	
责任人： 替班人： 监督人：	1. 接通电源，打开进水闸门 2. 打开开关（按钮） 3. 预设定温度：通过调节上下调节按钮，设定所需要的温度，方便烹饪过程使用 4. 当加热使锅中的原料产生过高的温度时（如使原料干锅、变煳等），炉灶上的报警器会自动报警 5. 到达所需温度时，即可进行各种烹饪操作 6. 在烹饪过程中，可用膝盖左右摆动来直接调节火力大小 7. 如需了解原料内部温度时，可插入探针进行测试，原料内部温度会显示在电子显示器上 8. 烹制完毕后关闭开关。若长时间不使用时，切断电源	
		标准要求
清理时间	随用随整理	1. 平稳放在固定位置 2. 灶内外各部位做到无油污、无水迹、无食物残渣、表面光洁 3. 严格按安全操作说明书操作
检查时间	每餐下班前	

12. 电饼铛

电饼铛主要使用于面点厨房，具有上、下档双面烙制加热食品的功能，加热部分则采用大面积全封闭形式，热效率高、清洁卫生，可用来制作各种饼类食物，如烙制煎饼、烧饼、锅贴、水煎包、薄饼等。厨师要能够根据电饼铛使用标识卡独立、准确地进行操作，电饼铛的操作标识卡如表 3-21 所示。

表3-21 电饼铛操作标识卡

	安全操作规程	
责任人： 替班人： 监督人：	1. 接通电源，按上档键开关 2. 通过旋转钮设定温度（50℃~150℃之间），达到所需的温度后电饼铛能自动停止加热，温度不够时则自动开启 3. 在饼铛底部刷油，放入面饼原料，盖上盖子 4. 面饼成熟后，打开盖子，取出制好的饼类食品 5. 关闭上档键开关，盖上盖子 6. 长期不使用应断开电源。注意：电饼铛不要用水清洗，以免破坏内部线路	
		标准要求
清理 时间	随用随整理	1. 平稳放在固定位置 2. 饼铛内外各部位做到无油污、无水迹、无食物残渣 3. 严格按安全操作说明书操作
检查 时间	每餐下班前	

第三节　厨房常用电器设备及其使用方法

一、冷冻、冷藏设备

食品的质量在很大程度上取决于冷藏、冷冻设备的品质。冷冻、冷藏设备可以使食物处在低温环境中，从而抑制细菌生长，延长食物的保质时间。冷藏、冷冻设备的种类、型号有很多种，无论是台式、立式、卧式、壁式冰柜，还是嵌入式、手提式冰箱，都主要由制冷机、密封保温外壳、门、橡胶封条、温度调节器等部件组成。

1. 冷冻柜

冷冻柜是厨房中必备的设备，温度范围为 -18℃ ~ -10℃的冷冻柜，主要用于储存各种肉类食物、水产品等原料；温度范围为 -28℃ ~ -23℃的冷冻柜，一方面用于速冻食品原料，另一方面用于储藏雪糕、冰激凌等食品。厨师要能够根据标识卡正确使用冷冻柜，冷冻柜的使用标识卡如表 3-22 所示。

表3-22　冷冻柜使用标识卡

	安全操作规程	
责任人： 替班人： 监督人：	1. 接通电源 2. 设置温度：根据生产需要设定温度，待温度符合要求后，即可存放食物原料 3. 食物原料存放前要用保鲜膜包装，并擦干表面水分。存取食物时动作要快，拿完食物后立即关上门（门要关严） 4. 定期清理排风扇表面的灰尘，更换密封条 5. 长期不使用时应断开电源，将内部清理干净，打开柜门	**标准要求** 1. 固定放于指定位置 2. 设备表面无油污、无水迹、无食物残渣，光亮洁净 3. 严格按安全操作说明书操作
清理 时间	随用随整理，两周除冰一次	
检查 时间	每天下班前	

2. 冷藏柜

冷藏柜是厨房储存小批量原料的冷藏设备，温度范围为 -5℃ ~ 5℃，主要用于储存水果、蔬菜等水分含量较多的原料。冷藏柜的容积一般比普通冰箱大，但占地空间不多，且可以当操作台使用，十分方便，是厨房各操作间均可添置的设备。其使用方法与冷冻柜相同。厨师要能够根据标识卡正确使用冷藏柜，冷藏柜的使用标识卡如表3-23所示。

表3-23　冷藏柜使用标识卡

	安全操作规程	
责任人： 替班人： 监督人：	1. 接通电源 2. 设置温度：旋转按钮在 5℃ ~ -5℃之间选择温度 3. 用保鲜膜包装食物原料，并擦干表面水分 4. 定期清理排风扇表面的灰尘，更换密封条 5. 长期不使用时应断开电源，清理干净内部，打开柜门	
		标准要求
清理时间 | 随用随整理，两周除冰一次		1. 固定放于指定位置 2. 设备表面无油污、无水迹、无食物残渣，光亮洁净 3. 严格按安全操作说明书操作
检查时间 | 每天下班前		

3. 冷藏展示柜

冷藏展示柜通常用于咖啡厅、面包房、肉食店等一些直接面对客人的场所，设备外罩采用自动防雾、防爆玻璃，温度一般在0℃～10℃之间，它可将新鲜食品、饮料展现给客人。厨师要能够根据标识卡正确使用冷藏展示柜，冷藏展示柜的使用标识卡如表3-24所示。

表3-24 冷藏展示柜使用标识卡

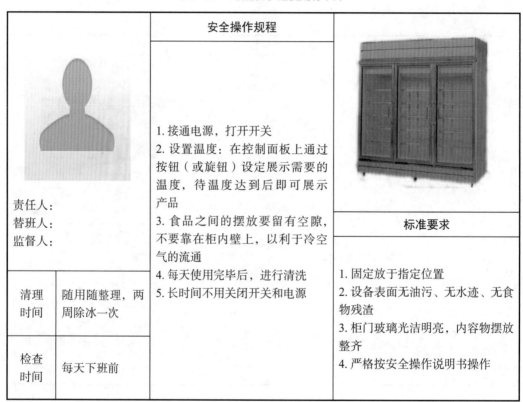

	安全操作规程	
责任人： 替班人： 监督人：	1. 接通电源，打开开关 2. 设置温度：在控制面板上通过按钮（或旋钮）设定展示需要的温度，待温度达到后即可展示产品 3. 食品之间的摆放要留有空隙，不要靠在柜内壁上，以利于冷空气的流通 4. 每天使用完毕后，进行清洗 5. 长时间不用关闭开关和电源	标准要求
清理时间	随用随整理，两周除冰一次	1. 固定放于指定位置 2. 设备表面无油污、无水迹、无食物残渣 3. 柜门玻璃光洁明亮，内容物摆放整齐 4. 严格按安全操作说明书操作
检查时间	每天下班前	

二 机械设备

机械设备能够处理大批量的工作，可以大大地节省劳动力，但每种机械设备都具有其独特性，同样也具有危险性，所以在使用前，应详细阅读操作指南，熟悉每一个操作环节，严格执行操作规范，安全生产。

1. 绞肉机

绞肉机工作时主要靠旋转的螺杆将料斗箱中的原料推挤到预切孔板处，利用转动的切刀刃和孔板上的孔眼刃形成的剪切作用将原料切碎，并在螺杆挤压力的作用下，将原料不断排出机外。绞肉机可根据物料性质和加工要求的不同，配置相应的刀具和孔板，来加工出不同尺寸的颗粒，以满足下道工序的工艺要求。绞肉机广泛适用于加工制作各种香肠、火腿肠、午餐肉、丸子和其他肉类制品。厨师要能够根据标识卡正确使用绞肉机，绞肉机的使用标识卡如表 3-25 所示。

表3-25　绞肉机使用标识卡

<table>
<tr><td rowspan="2"></td><td colspan="2" align="center">安全操作规程</td><td rowspan="2"></td></tr>
<tr><td colspan="2" rowspan="3">1.接通电源，打开开关
2. 在竖桶中放入切成小块的原料（如果原料较大，严禁用手向下捅原料，必须要用送料棒送料）
3. 待原料被绞成馅，从绞肉机中完全排出后，关闭开关
4.切断电源
5.拆卸刀片零部件，清洗
6.清洗擦干各零部件，组装、固定还原</td></tr>
<tr><td rowspan="4">责任人：
替班人：
监督人：</td></tr>
<tr><td align="center">标准要求</td></tr>
<tr><td rowspan="3">1.固定放于指定位置
2.设备表面无油污、无水迹、无食物残渣
3.送料棒要干净并固定放置在送料盘上
4.严格按安全操作说明书操作</td></tr>
<tr><td>清理
时间</td><td>随用随整理</td></tr>
<tr><td>检查
时间</td><td>每餐下班前</td><td></td></tr>
</table>

2. 切割机

切割机也称锯骨机，是用于肉、骨类原料加工的机械设备，用于大块的带骨肉、冻肉、家禽的分解，其通过高速旋转的锯条来锯断骨肉。厨师要能够根据标识卡正确使用切割机，切割机的使用标识卡如表 3-26 所示。

表3-26　切割机使用标识卡

		安全操作规程	
责任人： **替班人：** **监督人：**		1. 接通电源 2. 安装锯条，并关闭、锁紧上下门 3. 固定原料：根据原料大小，调节横挡板，固定原料 4. 抬起保护棒，卡住原料 5. 原料切割：开动开关，向前推动保护棒，直到锯断原料 6. 使用完后，关闭开关 7. 切断电源，进行拆卸清洗。清洗完成后，擦干部件并组装	
			标准要求
清理 时间	随用随整理		1. 固定放于指定位置 2. 设备表面无油污、无水迹、无食物残渣 3. 严格按安全操作说明书操作
检查 时间	每餐下班前		

3. 轧面机

轧面机适用于面食加工业，如制作面条、云吞皮、糕点、面包，揉压各种酥、韧性面坯。当面坯调制好后，为了使组织松散的面坯变成紧密的、具有一定厚度的成型面片，需要进行辊压。面坯在压片时，受到机械力的作用，使面坯产生纵向和横向的张力。使用轧面机时只需将面坯放置在下输送带上，开机后即可自动输送，即可进行压片和成型操作。此机器可大大降低厨师的劳动强度。厨师要能够根据标识卡正确使用轧面机，轧面机的使用标识卡如表 3-27 所示。

表3-27　轧面机使用标识卡

		安全操作规程	
责任人：替班人：监督人：		1. 接通电源 2. 调节薄厚：拧松螺栓调节操纵杆到所需的薄厚，再拧紧螺栓 3. 调节速度：拧松螺栓调节操纵杆到所需要的速度，再拧紧螺栓 4. 打开开关 5. 放入面坯 6. 抬起托板 90°，放面坯进入轧面机进行加工，严禁用手向下推送面坯。反复操作直到成品符合所需要的薄厚程度 7. 关闭开关，切断电源	
			标准要求
清理时间	随用随整理		1. 固定放于指定位置 2. 设备表面无油污、无水迹、无面渣 3. 严格按安全操作说明书操作
检查时间	每餐下班前		

4. 开酥机

开酥机能将面坯轧成多层次的薄片，使面皮层次均匀、软硬适度。此机械可双方向操作，前快后慢按比例传动，起酥薄厚可灵活调节，开酥效果好，适用于做擘酥、水油皮、清酥等有层次的面坯。厨师要能够根据标识卡正确使用开酥机，开酥机的使用标识卡如表 3-28 所示。

表3-28　开酥机使用标识卡

	安全操作规程	
责任人： 替班人： 监督人：	1. 接通电源，放下防护罩 2. 打开开酥机电源开关 3. 调节压面厚度（从厚到薄，逐渐调节） 4. 把面坯放到左侧传送带上 5. 向右推动横杆或踩右侧踏板 6. 按运行键（start） 7. 当面坯到右侧传送带后，向左推动横杆或踩左侧踏板 8. 反复操作直到面坯达到适合厚度为止 9. 停止或紧急情况按红色按钮（stop、emergency） 10. 关闭机器总开关。不使用时切断电源	
		标准要求
清理 时间	随用随整理	1. 固定放于指定位置 2. 设备表面无油污、无水迹、无面渣 3. 严格按安全操作说明书操作
检查 时间	每餐下班前	

5. 搅拌机

立式搅拌机是面点厨房中的重要设备，用途十分广泛，主要用于食品原料的搅拌和加工。搅拌机的型号很多，可根据生产需要选择不同体积、容量的型号。搅拌机的零部件有三种：抽子部件、搅拌桨部件、面坯臂部件，生产中要根据搅拌原料性状的不同进行部件的选择。多数搅拌机都设有三种速度（慢、中、快），使用时可根据需要选择。厨师要能够根据标识卡正确使用搅拌机，搅拌机的使用标识卡如表 3-29 所示。

表3-29　搅拌机使用标识卡

	安全操作规程	
责任人： 替班人： 监督人：	1. 接通电源，将原料和搅拌部件放入搅拌钢桶中。固定好钢桶后，提升手柄逆时针方向旋转，使钢桶上升 2. 将装满食物的容器组装在配件连接器下方，然后逆时针旋紧搅拌部件 3. 打开开关，先进行低速搅拌，然后可根据需要来调节搅拌速度 4. 搅拌工作完成，将控制开关复位到"O"位置，关闭开关 5. 先顺时针方向旋动放下手柄，钢桶下降。顺时针旋松搅拌部件，然后将装满食物的钢桶取下，倒出搅拌好的原料 6. 清洗搅拌钢桶和搅拌部件。在不使用时切断电源	
		标准要求
清理 时间	随用随整理	1. 固定放于指定位置 2. 设备表面及料筒内外干净光亮，无面粉、面渣 3. 严格按安全操作说明书操作
检查 时间	每餐下班前	

　　目前食品机械市场为减少厨房占地空间，新研制出一种手提式搅拌器（见图 3-4），用于食品原料的搅拌和粉碎，更加方便、灵活，其操作步骤如下。

　　（1）进行组装，把搅拌棒旋转插入主发动机中，卡好。

　　（2）接通电源。

　　（3）为安全起见，两只手食指分别同时按把手按钮和把手顶部按钮。机器启动后，松开把手顶部按钮，通过按压把手按钮，调节搅拌速度的快慢，也可按把手侧面按钮，进行持续搅拌。

（4）在容器中进行原料搅拌，使用完毕后，断开电源。

（5）拆卸并清洗，擦干。

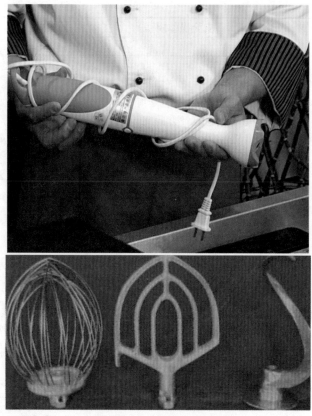

图3-4　手提式搅拌器

6. 切片机

切片机是厨房常用的机械加工设备之一，用于各种原料的切片、切丝、切丁等工艺，切片机可根据用途更换不同的刀头，切割不同形状的原料。

厚度比手工切削更均匀，效率更高，有些切片机还附带装盘功能，切片机的使用对于控制原料用量，减少原料损失很有价值。切片机的刀片都会倾斜一定的角度，这样切下来的片就不容易破碎或打卷。手工操作时，操作人员必须前后拉动刀具来切割食物。自动化切片机用电动机带动台架前后移动，节省劳动力。厨师要能够根据标识卡正确使用切片机，切片机的使用标识卡如表 3-30 所示。

表3-30　切片机使用标识卡

		安全操作规程	
		1. 接通电源 2. 调节薄厚：旋转滚轮，调节所需要的薄厚度 3. 在斜板上放入原料，左侧卡板和上下卡板固定住原料后，拧紧螺栓 4. 根据需要选择切片方式：自动切片，扳动棒为合的状态；手动切片，扳动棒为离的状态（前后推拉台架）	
责任人： 替班人： 监督人：			标准要求
清理时间	随用随整理	5. 打开开关，进行切片 6. 原料切完后，关闭开关。不使用时切断电源 7. 清洗机器时要注意将调节薄厚度的滚轮定在"O"的位置上，以免清洗时被刀片划伤	1. 可移动，但应固定放置于指定位置 2. 机器表面做到无油污、无水迹，干净、光亮 3. 严格按安全操作说明书操作
检查时间	每餐下班前		

7. 搅拌切割机

搅拌切割机是由电机、原料容器和不锈钢叶片刀组成，它可用来快速切碎和搅拌大批量的食物，也可以用来搅拌液体物质，适合打碎水果蔬菜，还可以混合搅打浓汤、鸡尾酒、调味汁、乳化状的沙司等。厨师要能够根据标识卡正确使用搅拌切割机，搅拌切割机的使用标识卡如表3-31所示。

表3-31 搅拌切割机使用标识卡

	安全操作规程	
责任人： 替班人： 监督人：	1. 接通电源 2. 向左旋转卸下原料桶，打开桶盖，放入所需切割类型的刀片（切片、末、碎、块等） 3. 放入原料，盖好并扣紧桶盖 4. 原料桶向右扣紧固定在主发动机上 5. 打开开关（绿色按钮），按黑色按钮控制速度 6. 搅拌切割完毕后，按红色按钮停止	
		标准要求
清理时间 | 随用随整理	7. 向左扳动把手，卸下原料桶。倒出原料，清洗擦干 8. 不使用时切断电源	1. 固定放于指定位置 2. 设备表面无油污、无水迹、无食物残渣 3. 严格按安全操作说明书操作
检查时间 | 每餐下班前		

注意事项：

（1）严密监控加工时间，其加工时间很短，哪怕是只多切一秒也会使食物变样。

（2）使用前确保机器安装稳妥。

（3）关掉机器时，要等到刀片完全停止后再打开盖子。

（4）保持刀片锋利，钝刀片会捣烂食物。

8. 真空包装机

真空包装机是可用于真空包装的小型真空包装机械，它将食品放入包装袋内抽成低真空后，立即自动封口。由于袋内真空度高，残留空气极少，可抑制细菌微生物的繁殖，避免了食品氧化、霉变和腐败，同时某些松软的物品，经真空包装后，可缩小包装体积，便于运输和储存。厨师要能够根据标识卡正确使用真空包装机，真空包装机的使用标识卡如表3-32所示。

表3-32　真空包装机使用标识卡

		安全操作规程
责任人： 替班人： 监督人：		1. 接通电源 2. 打开机器盖，根据包装物体的形状和大小调整真空室内垫板数量至适合 3. 将食物放入包装袋内（固体<2/3，液体<3/4） 4. 将包装袋封口处置于密封条（＞20mm)上，放下盖子，并确认支撑杆锁定为工作状态 5. 打开开关，按 p 键上下按钮选择所需抽真空的程度并进行时间设定 6. 按 start 键开始工作，停止时按红色 stop 键，取出原料 7. 使用完毕后关闭开关，切断电源
		标准要求
清理时间	随用随整理	1. 可移动，但应固定放于平坦表面，距墙面 10cm（或以上） 2. 每次工作前检查机器液压油，确保在有效范围之内 3. 确保接入惰性气体的导管（直径 10mm) 处于正常状态 4. 设备内外无油污、无水迹、无食物残渣 5. 严格按安全操作说明书操作
检查时间	每餐下班前	

9. 低温烹饪调理机

低温烹饪调理机是最新流行的热汤池设备，具有高效能、低损耗的特点。在烹调实践中，低温烹饪调理机必须与真空包装机以及可烹饪真空包装袋同时使用；为了控制食物中心温度，低温烹饪调理机一般带有核心温度探针（传感器）。厨师要能够根据标识卡正确使用低温烹饪调理机，低温烹饪调理机的使用标识卡如表3-33所示。

表3-33　低温烹饪调理机使用标识卡

		安全操作规程	
责任人：　替班人：　监督人：		1. 接通电源，根据待烹调食物体积的大小调节隔板间距 2. 设定水温，一般设置温度的范围60℃～95℃ 3. 设定烹饪时间：待水温达到设定温度后，设定待烹调食物的核心温度 4. 烹饪：将真空包装好的食物放入腔体（热汤池） 5. 测试温度：将传感器插入食物中，当食物中心温度到达设定温度时，传感器停止工作 6. 将低温烹煮后的食物从腔体中取出 7. 排水、清洁、关机、断电	
			标准要求
清理时间	随用随整理		1. 可移动，但应固定放于平坦表面，距墙面10cm（或以上） 2. 每次工作前检查排水口是否密闭 3. 设备内外无油污、无水迹、无食物残渣 4. 严格按安全操作说明书操作
检查时间	每餐下班前		

10. 去皮机

去皮机广泛适用于大量的胡萝卜、山芋、马铃薯、红薯等根薯类蔬菜的初加工，它通过高速旋转摩擦去除原料的外皮，同时进行清洗。厨师要能够根据标识卡正确使用去皮机，去皮机的使用标识卡如表3-34所示。

表3-34 去皮机使用标识卡

	安全操作规程	
责任人： 替班人： 监督人：	1. 接通电源，打开进水阀门 2. 打开桶盖，放入土豆等原料，盖好 3. 可选择定时或不定时（选择定时，顺时针旋转旋钮选择所需时间），按绿色 start 按钮开始进行去皮加工，其间接入水管，打开进水开关，可边清洗边去皮 4. 如需紧急停止，按红色按钮 5. 去皮结束后，打开前侧舱门，按绿色按钮 out，同时按 start 键，即可取出去好皮的原料 6. 切断电源，关闭进水阀门	
清理 时间 / 随用随整理		标准要求
检查 时间 / 每餐下班前		1. 可移动，但应固定放于指定位置 2. 设备内外无油污、无水迹、无食物残渣 3. 严格按安全操作说明书操作

■ **本章实践练习**

1. 在本校烹饪实践教室，按照设备操作步骤，练习并掌握设备的使用方法。

2. 在你曾经使用过的设备中，你认为哪一种设备在使用中有缺憾，请提出改进建议。

3. 某大学食堂准备购买一台多功能煎蛋器，价值36 000元，折旧费每年6 000元（6年完成折旧），资金利息每年为1 800元，使用该设备生产的蛋卷每个售价3元，每个变动成本为2元，请用设备购置决策法公式分析购买这台多功能煎蛋器能否盈利。

第四章
厨房生产安全

厨房生产安全是指厨房生产运作过程中没有危险，不受外来物质威胁、不发生人身伤害事故。它包括厨师生产安全习惯和厨房生产安全规章制度的执行两个方面。

第一节　厨师生产安全习惯养成

厨师生产安全习惯是指厨师在从事一切与厨房生产相关的活动时，养成的、不容易改变的、有效避免生产事故发生的行为。

■■● 一　常规安全习惯

厨师常规安全习惯是厨师行业沿袭下来的，为避免危险事故威胁立下的规矩。它是一种良好的职业素养，是从事该行业的人员必须养成的习惯。

1. 基本行为习惯

（1）不在厨房内跑动、打闹。

（2）不随处乱放刀具，不用刀具指向他人。

（3）手拿刀具行进中，手心紧握刀背，并将手紧贴于身体的侧前方。

（4）不在通道、楼梯口堆放货物，当地面有油、水、食物泼洒时，主动立即清除。

（5）只在规定的吸烟区（吸烟室）吸烟，不乱丢弃烟头。

（6）任何时候，都不将易燃物（如汽油、酒精、抹布、纸张等）放置在火源附近。

2. 着装习惯养成

厨房员工在厨房生产中按规定着装，不仅是保证厨房食品卫生与安全的需要，也是有效防止火灾、摔伤、磕伤等事故发生的需要。

（1）身着饭店工作服、工作帽、角巾、围裙和鞋，鞋带、围裙、角巾必须系好、系紧，防止脱落。

（2）上衣口袋不放火柴、打火机、香烟、纸张等易燃物。

（3）笔、小勺放在左臂上的口袋内。

二 货物搬运安全

搬运物品在厨房生产运作中极为常见，厨房内的扭伤、摔伤、砸伤、划伤事故往往与搬运货物有关。这一方面有厨师自身劳动技巧的问题，另一方面也有厨房环境安全隐患引发的问题。

1. 地面搬运货物安全

将货物从地面抬起或将货物举起放置高处的过程，如果用力不当，或姿势不当，身体重心掌握不当，均有可能发生扭伤、夹伤、轧伤、砸伤事故。

（1）搬运重物前，应先观察四周，确定搬运轨迹及目的地，应尽量使用手推车。

（2）从地面搬起重物时应先站稳、挺直背、弯膝盖，不可向前或向侧弯曲，重心放在腿部（见图4-1）。

（3）搬运重物（汤桶、垃圾桶）或大型设备，尽量与其他厨师合作完成，不可一次性超负荷搬运货物。

（4）将物体推举向高处时，应一口气完成。

（5）不用扭转腰背的方式从反方向搬运物品。

（6）不独立搬运超过人体高度的物品。

（7）搬运长形物体时保持前高后低，尤其是上下楼梯、转角处或前面有障碍物时。

（8）推滚圆形物体时（如圆形桌面）应站在物体后面，双手不放在圆形物体弧线的边缘。

站稳、挺直背

弯膝盖

不可向前或向侧弯曲

重心在腿部

图4-1 从地面搬起重物的动作要领

2. 使用工作梯安全

厨房内的摔伤事故，有一些是工作中未正确使用扶梯造成的。

（1）梯子架在平坦稳固的立足点，梯面与地面的夹角应在 60° 左右（见图 4-2）。

（2）上下梯子时，两手两脚不能同时放在同一横档上，重心应维持在身体的中间。

（3）在上下梯子的过程中，手不能拿任何物件。

（4）不得使用任何有缺陷的梯子。

（5）梯子绝对不许架设在门口，除非将门锁上，或有专人看守。

（6）不允许两人同在一张梯子上工作。

（7）梯子用后，必须立即收妥。

图4-2　工作梯的正确摆放方式

3. 瓷片及玻璃器皿搬运安全

厨房使用的瓷片多为各式盘子、碗、汤勺、汤古子等用餐器皿。厨房瓷片搬运中容易发生的事故主要是划伤，所以大宗瓷片玻璃器皿搬运时应该按以下程序进行。

（1）搬运瓷片或器皿时，应该穿平底胶鞋，不佩戴松弛的饰物，并戴手套保护双手。

（2）搬运瓷片前，要先检查有无破损，将破损的瓷片器皿挑出并及时报损。

（3）搬运较多瓷片（盘碟）时，应该使用手推车。

（4）使用手推车应将瓷片平稳地码放在推车上，瓷片码放不宜太多、太高。

（5）碗、盘、玻璃器皿打碎时，不能用手捡拾，要用扫帚清理。

4. 货车使用安全

使用货车（手推车）运送货物时，最容易造成砸伤、轧伤等事故。故使用货车（手推车）时，应做到以下几点。

（1）装货前，要将车停稳固定，防止溜车。

（2）往车上码放重物时，应该有人扶车，注意重物在下、轻物在上，不超负荷载重。

（3）车上物品码放不能超过运货人视线，防止货车轧人、撞人、撞物。

（4）推车时应控制车速，不能推车跑，不拉车后退行走。

（5）推车运货时遇拐角处，人应站在车的一侧双手拉车。

（6）载重推车如遇上下电梯，应找人帮忙；如遇地面不平整时，行进速度要放缓，防止颠簸造成货物散落，砸伤他人。

5. 大型冷藏库、冷冻库工作安全

进入大型冷库搬运物品，应做到以下几点。

（1）进入冷库前，要穿好防冻大衣，防滑鞋。

（2）戴防冻手套，保护自己的双手，免遭冻伤。

（3）使用货车搬运时，地面应铺防滑垫。

（4）坚持重物在下、轻物在上，分别储藏的原则。

（5）熟知安全出口和警铃的位置。

（6）确认库内无人后，再关闭（锁）库门。

■■■ 常规用电安全

（1）熟悉电器设备的开关位置。

（2）清洗电器设备时，必须断电。

（3）在清理机械电器设备卫生时，只用布擦拭电源插座和开关，不得将水喷淋到电源插座和开关上。

（4）工程人员断电挂牌作业时，严禁合闸。

（5）厨房员工不得随意处理突发的断电事故。

（6）下班时关闭所有电灯、排气扇及电烤箱等电器设备。

■■四 设备工具使用安全

现代化的食品烹调加工机械设备很先进，在减轻劳动力的同时，还大大提高了工作效率。但这些设备有可能会轧伤、砍伤、碾伤、切伤甚至截掉人的肢体或其他器官。因此，在厨房生产操作中，要严格执行操作规范，重视生产安全。

新员工在独立使用机械设备前，必须经过设备使用方面的培训，使员工学会正确拆卸、组装和正确使用设备的方法，培训合格后才可独立上岗操作。

1. 机械设备操作安全

机械设备运转是连续不断的，在发生安全事故的瞬间，当事人由于恐惧和慌乱，往往进行错误操作。所以，机械安全事故一旦发生，对厨师造成的伤害就十分严重。绞肉机、

切片机、粉碎机的割手，轧面机、压片机、和面机、搅拌机的夹手是最常见的机械设备事故。因此，操作机械设备时要做到以下几点。

（1）熟知机械设备关闭按钮的位置，并熟练掌握停机操作的方法。

（2）注意力集中，严格按机械设备说明书操作。

（3）使用随机配备的辅助工具作业（如绞肉机必须使用专门的填料器）。

（4）机械设备若发生故障，应立即切断电源并报修。

（5）机械设备使用完毕进行卫生清理时，必须切断电源。

2. 灶台前操作安全

若在灶台前操作不慎，最容易发生的事故就是火灾和烫伤。

（1）上灶台操作前，要先将所用工具、原料放在自己的动作域范围内，尽量减少工作动线。

（2）不使用手柄松动的锅和手勺。

（3）油锅加热过程中，控制油温、油量，不得离开炉灶。

（4）容器盛装热油不超过五成满，热汤不超过七成满；端起时应垫布，并提请他人注意。

（5）热锅离火（热烤盘出烤箱，热器皿出蒸箱）前，要准备好移放的位置。

（6）拿取热源附近的金属用具应垫布，清洗擦拭工具设备时，应待其冷却后再进行。

（7）不往炉灶的火眼内倒置各种杂质、废物。

（8）炉灶使用完毕，应立即关闭气源。

（9）发现炉灶设施漏气，要先关闭总气阀，然后立即报修。

3. 案台前操作安全

在案台前操作要先将工具、原料、器皿、带手布等放在动作域范围内，案台前操作容易引起的安全事故，主要是刀具的划伤、割伤，所以操作时应注意以下事项。

（1）操作时不用刀指手画脚。

（2）不随意在案台上放置刀具，防止刀具下滑伤人。

（3）刀具和锋利的器具不慎滑落，落地前不要用手接挡。

（4）清洁刀具锐利部位，应将带手布折叠成一定厚度，从刀口中间部位轻轻地向外擦。

（5）在案台前暂停切配时，刀具要刀口向外平放在墩子（案板）上。

（6）用专用工具开启罐头，不用手直接接触罐头盒开启的接口。

五 消防安全

1. 燃气灶的正确点火方法

（1）先打开燃气总阀。

（2）用火柴划火凑近点火棒火嘴，拧开点火棒开关，点燃点火棒。

（3）将用过的火柴放入罐头盒内或玻璃容器内。

（4）点火棒火焰凑近炉灶火眼，拧开灶具开关点燃灶具燃气。

（5）关闭点火棒开关，将点火棒插入灶具侧面的指定位置。

2. 燃气灶风门的调节

燃气灶正常燃烧时，火焰呈蓝色。工作中如发生下列情况，应对火焰风门进行调节。

（1）当炉灶燃烧的火焰发红或冒烟时，说明灶具进风量小，应调大风门。

（2）当炉灶燃烧发生回火时，要关闭灶具开关，先调小风门再点火，火点着后，再调节风门，使燃烧火焰正常。

（3）当炉灶燃烧发生离焰现象时，说明进风量大，应调小风门。

3. 燃气灶具漏气的处理程序

（1）关紧燃气灶具总开关。

（2）切断附近全部电源（不准开启电器开关，包括电灯），熄灭附近一切火焰。

（3）将门窗打开，使室内空气流通。

（4）如使用液化气罐，应将其迅速移至室外空旷地方。

4. 灶台前操作的防火要求

（1）油炸食品时，将油锅搁置平稳，并控制好油温。

（2）油锅加热时，人不能离开，油温达到适当热度，应立即放入菜肴、食品。

（3）遇油锅起火，可直接用锅盖或湿抹布覆盖，不可向锅内浇水灭火。

（4）煨、炖、煮各种食品、汤类时，应有人看管，汤沸腾时应调小炉火或打开锅盖，防止汤汁外溢熄灭火焰，造成燃气泄漏。

（5）炉具使用完毕，应立即熄灭火焰，关闭气源，通风散热。

5. 手提式灭火器的使用方法

厨房人工灭火一般使用干粉灭火器。干粉灭火剂是用于灭火的干燥且易于流动的微细粉末，由具有灭火效能的无机盐和少量的添加剂经干燥、粉碎、混合而成的微细固体粉末组成。这种粉末是一种在消防中得到广泛应用的灭火剂，且主要安装于灭火器中。干粉灭火剂主要通过在加压气体作用下喷出的粉雾与火焰接触、混合时发生的物理、化学作用灭火。

手提式干粉灭火器的操作方法如下。

（1）一手提灭火器的提把，另一手托灭火器底部，上下颠倒几次，使灭火器筒内的干粉松动。

（2）在距离起火点 5 米左右处，放下灭火器（如果着火点有风，应占据上风方向）。

（3）拔下保险销，一只手握住喷嘴，另一只手用力按下压把（见图4-3），干粉便会从喷嘴中喷射出来。

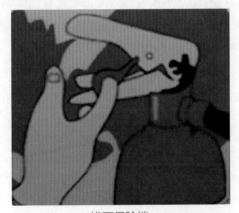
拔下保险销

一只手握住喷嘴，另一只手用力按下压把

图4-3　手提式干粉灭火器的操作方法

（4）如果引起火灾的介质为流散液体，扑救时应从火焰侧面，对准火焰根部喷射，并由近而远，左右扫射，快速推进，直至把火焰全部扑灭为止。

（5）如果引起火灾的介质为容器内可燃液体，扑救时应从火焰侧面对准火焰根部，左右扫射。当火焰被赶出容器时，应迅速向前，将余火全部扑灭。

（6）如果引起火灾的介质为固体物质，扑救时应使灭火器嘴对准燃烧最猛烈处，左右扫射，并应尽量使干粉灭火剂均匀地喷洒在燃烧物的表面，直至把火全部扑灭。

（7）使用灭火器注意事项。

① 灭火时不能把喷嘴直接对准液面喷射，防止干粉气流的冲击力使油液飞溅，使火势扩大，造成灭火困难。

② 灭火过程中，灭火器应始终保持直立状态，不得横卧或颠倒使用，否则不能喷粉。

③ 防止灭火后的复燃。因为干粉灭火器的冷却作用甚微，在着火点存在炽热物的条件下，灭火后极易复燃。

第二节　厨房消防安全规范

随着国民经济的高速发展，餐饮业日趋兴旺，宾馆、酒楼、饭店林立，且逐渐向大型化的方向发展，厨房灶具所用的燃料，也从 20 世纪 60 年代以燃煤为主被现在的以燃气、燃油为主所代替。因明火作业、高温油锅及排烟罩、风管内所堆积的油垢所引发的厨房火灾日渐增多，严重威胁着人们的安全与正常活动。

一　厨房火灾发生的主要原因

1. 厨师操作失当，或油锅持续高温引发火灾

饭店厨房内油炸、油煎等烹饪制作较为常见，当油锅在持续加温，锅内温度逐渐达到食用油的燃点（365℃左右）后，油锅内的油品便会产生自燃。从试验情况来看，其燃烧蔓延速度较快。油锅起火大约 20 秒后，火势便发展到猛烈阶段。若不能及时有效地扑灭，就会迅速引燃厨房内其他可燃物，并且通过风机、风管蔓延，从而引发更大的火灾。

2. 厨房灶台燃气（料）泄漏，遇明火引发火灾

目前，各饭店厨房灶具燃料主要是以燃气或燃油为主，一旦灶具或燃料输送管道发生泄漏，遇到明火就会发生火灾。

3. 排烟罩及排烟管道油垢堆积，遇明火引发火灾

厨房在使用过程中，其排烟罩及风管会因油烟影响逐步集聚油垢。当烟罩及风管内的油垢遇到明火时，易引起燃烧，并经风机、风管等途径蔓延而引发火灾。

4. 电器设备线路老化、短路，引发火灾

有些厨房由于电器设备线路老化，引起短路，引发火灾。

二 厨房防火制度

厨房防火的第一责任人是厨师长，每一位厨师也是各自岗位区域的防火责任人。

1. 符合规范要求

符合规范要求是指厨房各种电器设备的布局、安装、使用必须符合相关的国家标准、行业标准在防火方面的要求，同时提倡安全的人性化设计。

（1）严禁超负荷使用电器设备。

（2）电器设备绝缘要好，接点要牢。

（3）电器设备要接通地线并有合格的保险设备。

（4）电器设备的开关要安装在方便处理应急事件的部位。

（5）电器开关安装在厨师身体不易靠近、远离金属设备的地方。

（6）不要擅自动用、移动各种灭火器材、消防设施。

2. 制定操作规程

制定操作规程是指厨房管理者对厨师的生产行为制定明确的操作规定；对各种机电设备、燃气设备的使用制定安全操作规程，并严格遵照执行。

（1）厨房在油炸和焙烤食品时，必须设专人负责看管。

（2）油锅、烤箱温度不得过高，油锅不得过满，严防油溢着火引起火灾。

（3）严格按操作规程使用各种加热设备和灶具。

（4）点火使用专用点火棒，不得使用纸张等易燃品引火。

（5）不往炉灶、烤箱的火眼内倒各种废弃物，防止堵塞火眼。

（6）定时清除炉灶、排气扇等用具上的油垢。

3. 熟悉灭火方法

厨房内的每一位员工都应该熟知火灾发生时自己应该采取的行动。

（1）平时熟知燃气、电器总闸位置，一旦火灾发生，熟练关闭总闸。

（2）平时熟知所在部门灭火器材和手按报警器的位置。

（3）会使用各种灭火器材、火灾报警器。

（4）熟知最近的消防疏散门位置，便于逃生。

4. 火情处理得当

厨房一旦发生火情，首先要速拨电话通知总机或饭店消防中心。

三 库房防火制度

1. 设专人负责安全防火工作

（1）保持仓库内通道和入口的畅通。

（2）消防器材放在门口指定位置，不随意挪动，一米范围内不堆放物品。

（3）库房内不设办公室、休息室，不住人，不用可燃材料搭建隔层。

（4）熟悉消防器材放置的地点，掌握消防器材的使用方法，能够扑灭初期火灾。

（5）食品原料库房不存放布草制品。

（6）储藏的纸板箱和其他易燃物远离照明灯泡。

（7）下班前进行防火安全检查，做到人走灯灭。

2. 符合设计规范

（1）库房内的照明灯具及其线路应参照电力设计规范。

（2）照明灯泡安装遮护物。

（3）不超负荷作业，不用不合格的保险装置。

（4）禁止乱拉临时线。

3. 严禁携带火种进入库房

（1）库房内严禁吸烟和使用明火。

（2）物品入库时应认真检查是否有遗留火种，特别要对草包、纸包、布包物品进行严格检查，隔离存放。

（3）库房内不使用碘钨灯、电熨斗、电炉子、电烙铁等电加热器具。

（4）不使用 60 瓦以上的白炽灯。

4. 定期检查库房线路

（1）每年至少对库房内灯具、电线等设备进行两次检查。

（2）发现电线老化、破损，绝缘不良等情况，必须及时更新线路。

5. 物品应按"五距"要求码放

（1）顶距：货垛距离屋顶 50 厘米。

（2）灯距：货物距离灯 50 厘米。

（3）墙距：货垛距离墙 50 厘米 ~ 80 厘米。

（4）柱距：货垛与柱子之间的距离为 10 厘米 ~ 20 厘米。

（5）垛距：货垛与货垛之间的距离为 100 厘米，主要通道的间距不应小于 1.5 米。

🔲（四）燃气防火制度

1. 燃气灶操作人员必须经过专门培训，掌握安全操作基本知识

2. 遵守报告制度

（1）发现燃气漏气，不准开启电器开关（包括电灯）并立即报修。

（2）一旦发生火灾事故，应立即关闭燃气总阀，关闭电源，报警的同时，自己动用灭火器材扑救。

3. 严格检查制度

（1）每日进入厨房应先打开防爆排风扇，清除沉积于室内的液化气，检查灶具是否有漏气情况。

（2）操作前应检查灶具的完好情况，有损坏的部件，应立即报工程部修理。

（3）每餐结束后，值班人员要认真检查每只供气开关是否关闭好。

（4）发现问题应立即关闭总阀门，并及时报告主管领导和安全部门。

4. 严格遵守燃气灶具操作规程

（1）点火时，坚持"火等气"原则。

（2）各种液化气灶具开关必须用手开闭，不准用其他器皿敲击开闭。

（3）灶具使用完毕，应立即将供气开关关闭。

（4）每天夜餐结束后要先关闭厨房总供气阀门，再关闭各灶具阀门，最后通知供气室关闭气源总阀门。

5. 做好灶具的清洁保养工作，以确保安全使用液化气灶具；无关人员不得动用液化气灶具

6. 下班时关闭所有电灯、排气扇、电烤箱等电器设备

本章案例

案例4-1：厨房用电安全

1. **案例综述**

张望是一名学生，来到和平饭店西餐厨房实习。厨师长选派技术水平高的吴旭师傅负责指导张望实习。实习期间，厨房热汤池的电源总是掉闸，由于工作忙，吴师傅嫌麻烦，懒得给工程部打电话，每次只是简单地将电源合上闸，就继续工作。这一天，热汤池的电源灯又不亮了，张望凭着自己的小聪明早就看懂了师傅的合闸过程，于是自认为这回又是简单的掉闸问题，便私自去打开了电闸箱……

2. **基本问题**

（1）上述案例中厨房管理存在哪些问题？

（2）电器设备出现问题应如何处理？

（3）此案例对我们有何启示？

3. **案例分析与解决方案**

（1）厨房管理存在的问题

①厨房员工没有"在其位，谋其职"的观念，吴旭没有当好责任师傅。

②实习生张望没有遵守实习期间的安全规程。

③员工对厨房的常规安全不了解或执行不力，违反了厨房设备安全守则。

（2）处理要点

①电器设备的保护装置掉闸说明该设备有故障，必须检修，不能"带病"工作。

②员工对电器类设备的故障必须请工程部专业维修人员检修。

③实习生在厨房的各种操作必须在责任师傅的指导下进行，在有问题时不可擅自处理。

（3）此案例的启示

① 厨师长应该加强对厨房员工操作安全方面的教育。

② 对违规操作造成厨房安全隐患的行为要严厉处罚。

③ 应该选派技术好、责任心强、工作认真的师傅指导学生实习。

案例4-2：厨房货物搬运安全

1. 案例综述

城西的欣欣饭店近期生意兴隆。一日，由于顾客突然增多，需要多备原料，于是厨师长让厨师小李去库房取货，小李急忙拉起货车，直奔库房。由于要取的货较多，为了提高效率，小李想一次就把这些货物全部取回去，就装了满满的一车原料。货物甚至高过自己的身高，在推车回厨房的过程中，小李一路小跑，当车推至拐角处时，不小心撞上了案台的腿，导致货物散落一地，把厨房通道给堵住了。这时正是厨房最忙碌的时候，大家都忙得不可开交。这下通过此处的人还得绕道，小李本想提高自己的工作效率，却反而给大家造成了极大的不便。

2. 基本问题

（1）小李违反了哪些厨房安全管理规章制度？

（2）小李的做法会导致什么样的后果？

（3）搬运过程中还应注意什么？

3. 案例分析与解决方案

（1）违反厨房安全管理规定

① 按照厨房货车使用规定，当推车至拐角处时，应由推车改为在旁边双手拉车。

② 车上物品码放不能超过运货人视线，小李装货超过了自己的视线，无法看到前方有无障碍物，这很危险。

③ 小李违反了推车时"应控制车速，不能推车跑，不拉车后退行走"的规定。

（2）此案例可能造成的后果

① 如果是人被撞倒，影响他人的生产安全。

② 如果贵重、易碎等物品被损坏，造成厨房间接成本提高。

③ 货物散落一地，阻碍其他厨师的通行，使得大家工作效率降低，给饭店带来直接和间接的经济损失。

（3）搬运还应注意

① 用货车搬运货物时应先将车停稳，物品码放应遵循"重物在下、轻物在上，码放整齐，不超负荷载重、不能码放超高"的原则。

② 货车上下电梯应注意电梯间与楼板之间的缝隙，以及电梯间地面与楼板地面的高度差。

③ 在货物较多的情况下，尽量与他人合作完成搬运。

④ 搬运长形物体时保持前高后低，尤其是在上下楼梯、转角处或前面有障碍物时。

⑤ 推滚圆形物体时（如圆形桌面）应站在物体后面，双手不放在圆形物体弧线的边缘。

案例 4-3：厨师行为习惯养成

1. 案例综述

小蒋、小郝是职业高中的学生，这学期学校安排他俩在饭店西餐厨房实习。小蒋被分在热菜间，实习第一天他要跟着师傅学习做奶油汤，师傅让小蒋去面点间取面粉，但却很长时间没有回来。

原来小蒋到了面点间，见到好开玩笑的小郝，两人立刻高兴地聊起来。聊着聊着一人拿起蛋糕刀，一个拿起擀面杖对着打闹起来，小郝一不留神，用蛋糕刀在小蒋的胳膊上划了一个大口子。小蒋被送到医院后，胳膊上缝了好几针，所幸没有酿成悲剧。

2. 基本问题

（1）出现上述事故说明了什么？

（2）这次事故的潜在危害是什么？应怎样解决？

（3）如何安全使用刀具？

3. 案例分析与解决方案

（1）安全教育缺失

该案例说明，实习生上岗前饭店没有进行厨师习惯养成方面的培训，厨房也缺乏对实习生的常规安全教育，导致实习生不了解厨师日常行为规范，不了解刀具的使用安全规程。

（2）潜在的危害

虽然这次事故只是划伤皮肤，缝了几针，但如果小郝用力再猛一些，结果也就可想而知了。通过这次事故必须总结教训，加强厨房安全教育，同时要建立健全厨房工具的使用安全规范。

（3）安全使用刀具的基本要求

① 对员工在厨房内的行动要作合理的限制。在厨房中，禁止用任何工具嬉戏、打闹。

② 操作时不用刀指手画脚；在案台前暂停切配时，要将刀具刀口向外平放在案板上，不得遮盖，且刀具的任何部位不得出案台，防止刀具下滑伤人。

③ 刀具等锋利的器具不慎滑落时，落地前不用身体任何部位接挡。

④ 清洁刀具锐利部位，应将带手布折叠成一定厚度，从刀口中间部位轻轻地向外擦。

⑤ 执刀行走时，必须将刀用带手布、围裙等包好，避免刀刃部伤人，任何情况下均禁止挥舞。

■案例4-4：厨房火灾事故分析

1. 案例综述

实习生张山来到凯跃酒店实习，正好酒店正在进行安全隐患方面的大检查，行政总厨责成张山参加检查工作。张山经过一周的观察，在灶台前记录了以下事件。

（1）热菜厨房2号灶台上的煸锅手柄已经松动。

（2）李师傅炸鱼条时，油锅里的炸油每次只放五六成满。

（3）张师傅为保持灶台清洁，常常将杂物扔进灶眼。

这天酒店生意红火，餐厅不断催促后厨为自助餐台加食品。张山看到李师傅正忙着炸鱼条，盆里的鱼条已粘好面糊，油锅正用大火烧热，忽听领班喊李师傅："李伟，快把炒饭送到前台去，客人催呢。""听见了。"李师傅随即放下手中的工作，端起炒饭径直向前台走去。李师傅在餐厅被一位客人叫住咨询几个自助餐食品的问题，而正在加热的油锅越来越热，忽然一股火苗沿着锅边往上蹿，顺着排风系统的烟道燃烧起来。张山看到油锅起火，一边大喊救火，一边拧开水龙头灭火，此时厨师长已经移开灭火器前的餐车，拿起了灭火器，但是当他拔下保险销，一手握住喷嘴，另一只手用力按下压把时，干粉却没有从喷嘴中喷射出来……

2. 基本问题

（1）分析该厨房存在哪些火灾隐患。

（2）分析此案起火过程中厨师有哪些过失。

（3）分析灭火器干粉喷不出来的原因。

3. 案例分析与解决方案

（1）火灾隐患

① 松动的煸锅把手，随时会使煸锅倾斜，锅内的油会随时倾洒在灶台上引起火灾。

② 将杂物扔进灶眼，会堵塞火眼。

③ 灭火器前乱停餐车，一旦发生火灾，影响灭火扑救。

（2）厨师的过失

① 作为厨师，李伟不该在油炸食品时离开炉灶。

② 领班有过失。因为厨房防火制度明确规定："在油炸和焙烤食品时，必须设专人负责看管"，领班不应该此时指派李伟离开炉灶干其他工作。

③ 厨房发生火灾不能用水灭火。油比水轻，用水灭火会使油浮于水面，火势将随着水流蔓延。

（3）灭火器不能灭火的原因

① 没有做到一手提灭火器的提把，另一手托灭火器底部，上下颠倒几次，使灭火器筒内的干粉松动。

② 没有做到使灭火器保持直立状态，横卧或颠倒使用，都不能使粉末喷出。

▌案例 4-5：厨房灶台点火安全

1. 案例综述

大学毕业的李冉第一天进厨房，厨师长分配他先跟着比他早几天进店的师哥熟悉厨房。李冉看到师哥在点煤气灶时，电子点火器啪啪直响，但就是点不着火。李冉立即从上衣前胸口袋里掏出火柴划着，一手拿着点燃的火柴，另一只手随手将火柴盒扔在灶台上，拧开煤气开关，点燃炉灶，顺手将燃烧的火柴扔进灶眼。当李冉想如法点燃其他火眼时，被师哥坚决制止。"太危险了。"只见师哥撕了一张火腿包装纸，在点燃的灶眼上点燃包装纸说："点燃灶眼的正确程序是先将火种接近灶眼，再打开气开关，要火等气，你懂吗？"随即示范性地用包装纸逐个点燃其他火眼。

2. 基本问题

（1）李冉有什么错误？为什么？

（2）案例中师哥有错吗？为什么？

（3）正确的点火程序是怎样的？

3. 案例分析与解决方案

（1）李冉的错误

① 在厨师着装习惯养成中，要求从事厨师行业的人员工作中"上衣口袋不放火柴、打火机、香烟、纸张等易燃物"，李冉在上衣前胸的口袋里放火柴是错误的。

② 李冉的点火操作是错误的，违反了"火等气"原则，违反了禁止"纸张等放置在火源附近"的规定，违反了"不往炉灶的火眼内倒置各种杂质、废物"的操作规程，不符合燃气灶的正确点火方法。

（2）师哥也有错

① 点火开关坏了，应该立即报告师傅通知工程部。因为按照厨房燃气的防火制度"操作前应检查灶具的完好情况，有损坏的部件，应立即报工程部修理"。

② 用纸张引火也是错误的。因为厨房防火操作规程明确规定："点火使用专用点火棒，不用纸张等易燃品引火"。同时包火腿的包装纸浸有油脂，该类纸张极易引起火灾。

（3）燃气灶的正确点火方法

① 先打开燃气总阀。

② 用火柴划火凑近点火棒火嘴，拧开点火棒开关，点燃点火棒。

③ 将用过的火柴放入罐头盒内或玻璃容器内。

④ 点火棒火焰凑近炉灶火眼，拧开灶具开关点燃灶具燃气。

⑤ 关闭点火棒开关，将点火棒插入灶具侧面的指定位置。

■ **本章实践练习**

1. 回忆检查自己在厨房生产操作中的举动，找出不符合安全规范的行为，并加以改进。

2. 在烹饪实践课中，观察同学生产运作过程中的举动，指出其不安全行为。

第五章
厨房卫生规范

厨房卫生是指厨房生产中厨师个人、食品原料、设备工具及厨房生产运作的各个环节均能防止疾病，有易于消费者身体健康，确保厨房产品处于洁净而不受污染的状态。

厨房卫生是生产过程中不可忽视、始终需要强化的重要内容，它对餐饮行业具有一票否决的作用。讲究厨房卫生需要贯穿在原料选择、加工生产、烹调制作和销售服务的始终。邵德春先生的酒店"六常"管理理论"常分类、常整理、常清洁、常维护、常规范、常教育"，对厨房卫生的管理十分有效。从厨房生产的角度看，厨房卫生主要包括厨师个人卫生习惯养成和环境卫生清扫程序规范两个方面。

第一节 厨师个人卫生习惯养成

厨师个人卫生习惯是指厨师在从事厨房生产活动时养成的、不容易改变的、有效避免食品污染的行为，主要包括厨师的仪容仪表、日常行为规范和操作卫生规范等内容。同时每一位厨师还必须熟悉《中华人民共和国食品安全法》和《餐饮业食品卫生管理办法》的相关内容。

一 厨师仪容仪表标准

仪容仪表标准是衡量厨师容貌、着装、行为等非技能因素的准则，是厨房食品卫生与安全的基础，是体现厨房管理效果的窗口。

1. 男员工

（1）工作帽干净、挺直、端正；角（汗）巾干净平整，无汗渍；工作服、围裙干净、无皱无损、无异味；工作鞋干净、无油渍污物；工号牌按规定佩戴。

（2）指甲短而干净；头发干净、短于领口，用帽子遮盖住；不留胡须。

（3）每天刮胡子、洗澡，建议使用除臭剂；经常刷牙避免口臭。

（4）禁止佩戴腕表、戒指、耳环以及其他一切身体上的环饰，包括舌环、鼻环、眉环等。

2. 女员工

（1）工作帽干净、挺直、端正；角（汗）巾干净平整，无汗渍；工作服、围裙干净、无皱无损、无异味；工作鞋干净、无油渍污物；工号牌按规定佩戴。

（2）指甲短而干净；头发干净，长发盘于脑后，短发用发夹固定，用帽子遮盖头发。

（3）每天洗澡，经常洗发，建议使用除臭剂；经常刷牙避免口臭。

（4）禁止佩戴腕表、戒指、垂吊式耳环、舌环、鼻环、眉环等。

3. 指甲

（1）不准留长指甲，要保持干净。

（2）员工不能啃咬手指甲。

（3）工作时不佩戴假指甲或涂彩色指甲油。

4. 工作服

（1）工作服要保持干净。

（2）工作服要每天更换且在指定区域内穿着。

（3）穿着干净工作服工作且必须在更衣室内更换。

（4）上下班路上不能穿着工作服。

（5）工作中必须系围裙、角巾（汗巾）、戴工作帽。

（6）围裙不能当手巾使用，在食品处理过程中，手接触过围裙或用围裙擦过手之后要洗手。离开食品准备区域时，要解下围裙。

5. 发型固定

（1）用帽子和发网固定、包裹头发，避免污染食品。

（2）在触摸或触碰过头发或者脸后，按照洗手程序洗手。

6. 吸烟、吃东西、剔牙、嚼口香糖

（1）在指定吸烟区抽烟。

（2）不吐唾沫。

（3）只能在员工食堂内吃东西。

（4）工作时不剔牙、不嚼口香糖。

（5）在抽完烟、吃完东西及喝完饮料后要洗手。

7. 病假、受伤

（1）患病员工不得上岗且必须通报行政总厨。

（2）如遇有割伤或其他伤害，不能继续进行开放性食品的加工或处理，直到伤愈为止。

（3）所有食品准备、加工区域都要备有急救用品。

（二）操作卫生行为养成

操作卫生行为养成对保持厨房卫生，降低劳动消耗，提高生产效率有不可小视的作用。例如，工具用后及时擦洗并放回原处；烹调作业中尽量缩小作业面，减少污染；随手清理作业面，随时清理下脚料等均属操作卫生行为养成的内容。

1. 墩子前（加工切配）卫生养成

无论是加工间的初加工，还是热菜间的细切配，或是冷菜间的熟装盘，都应养成以下习惯。

（1）原料放在容器内，再备好垃圾盆（盘）、成型原料容器、带手布，将容器和带手布放在肢体活动范围内，菜墩（板）下面垫带手布平稳地放在案子上。

（2）加工切配中及时将切成型的原料及废弃物分别分类放进容器中，尽量避免汤汁、血水四溢流淌。

（3）加工切配过程中不应走动，刀具只能背向自己横放在菜墩（板）上。

（4）加工切配完成后，立即将刀、墩、案台按清洗程序清理干净，将垃圾处理掉。

2. 灶上烹调卫生养成

灶上烹调无论是使用煽锅，还是汤锅，都要养成以下行为习惯。

（1）将要烹调的原料、调料、工具、容器等备好，放在最方便操作的地方。

（2）调料罐里的液态调料不能太满。

（3）锅内的菜肴和汤汁不可太满。

（4）随时防止灶上烹调的菜肴汤汁溢出。

（5）锅离火时，尽量避免将锅放在灶台、案台上，更不能将锅放在案台上拖动。

（6）出品菜的容器只能放在配菜案台上，不能放在灶台上。

（7）养成另备汤勺尝菜的习惯，不能用手勺直接对嘴尝菜。

3. 冷菜切配间卫生养成

冷菜切配间是厨房卫生管理中的重中之重。厨师卫生习惯的养成对预防微生物交叉感染具有积极意义。

（1）进入冷菜间必须进行二次更衣。

（2）在工作间，手不能到处乱摸。

（3）熟品切配前，按洗手程序要求认真洗手。

（4）切配工作中，必须按要求佩戴口罩。

（5）进行熟品切配使用专用案板和刀具，且用酒精棉消毒。

（6）下班前关闭门窗、电灯，打开消毒灯。

4. 面点制作间卫生养成

（1）不在面点制作案台上直接切肉类、鱼类、蔬菜等生料。

（2）养成随手清理案台且随时刷洗案子的习惯。

（3）不将锅直接放在案台上，更不能将锅放在案台上拖动。

（4）刷洗案台时，先用刮刀刮净案台表面面污，再用清水刷洗，避免将污水流到地面上。

（5）清洗屉布时必须洗净表面淀粉黏液，并将其晾挂在通风处。

5. 洗手的时机与方法

厨师在下列情况下，要用消毒肥皂彻底洗净双手以及下手臂。

第一，开始工作前（加工处理食品前）、工歇后（抽烟、吃饭、喝水等）或去过卫生间后。

第二，咳嗽、打喷嚏或与身体某部位接触后（包括头发、脸、衣服或围裙等）。

第三，处理过生食品（如肉、鱼、家禽、蔬菜等）后。

第四，做过清洁工作或丢弃垃圾后。

第五，处理可能影响食品安全的化学品后。

第六，用手接触过任何可能被污染的物品后，例如未经消毒的器材、工作台的表面或抹布、电话、钱、门把手等。

第七，戴手套工作之前。

洗手程序（参见光盘）如下。

（1）用肥皂在手上擦洗，或滴上洗手液（见图5-1），揉匀15 ~ 20秒。

（2）掌心相对，手指并拢，相互搓擦（见图5-2）。

图5-1　洗手液滴在手上

图5-2　掌心相对，互搓

（3）手心对手背，沿指缝相互搓擦（见图5-3）。

（4）掌心相对，十指交叉，沿指缝相互搓擦（见图5-4）。

图5-3　手心对手背，沿指缝相互搓擦

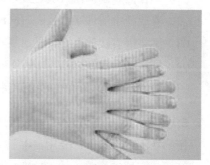

图5-4　掌心相对，十指交叉，沿指缝互搓

（5）一手握另一手大拇指旋转搓擦，交替进行（见图5-5）。

（6）双手指相扣，相互搓擦（见图5-6）。

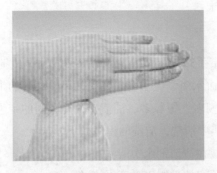

图5-5　一手握另一手大拇指旋转搓擦　　　　图5-6　双手指相扣，相互搓擦

（7）将五个手指尖并拢在另一手掌心旋转搓擦，交替进行（见图5-7）。

（8）搓洗手腕，交替进行（见图5-8）。

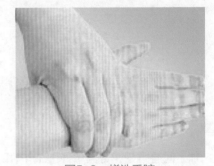

图5-7　五指尖并拢在另一手掌心旋转搓擦　　　　图5-8　搓洗手腕

（9）在温水下冲洗。

（10）用一次性纸巾或电吹风将手擦（吹）干。

6. 洗手池的维护

维护好食品准备区域的洗手盆，并确保洗手盆只用来洗手。洗手盆应具备以下条件。

（1）洗手池旁提供适当的抗菌皂或抗菌洗手液。

（2）洗手池旁有擦干或吹干设备，如一次性纸巾、吹干机。

（3）冷热水必须从一个龙头流出且水温能够在一分钟之内到达43℃。

（4）洗手池的尺寸要方便洗手。

（5）洗手池边配备机动的或器械指甲刷。

（6）洗手池边配备扔一次性手纸巾的垃圾桶。

7. 带手布的清洗方法

厨房各区域随手使用的卫生清洁工具——带手布（抹布），由于生产工艺不同，造成每一区域的带手布各有特点。如加工间的带手布血水多、泥土多、油腻多，热菜间的带手布油泥多、锅黑多、菜汤多，面点间的带手布面糊多、饭粒多、油渍多，冷菜间的带手布食物碎屑多。无论哪一区域的带手布都必须每天集中清洗，清洗的程序如下。

（1）在垃圾桶上方抖净带手布内的杂物，放在清洁剂水中清洗。

（2）水锅上火，放入碱面或洗衣粉，将带手布放进锅中煮开 10 分钟。

（3）将带手布放进清水盆中反复清洗干净，直至无泡沫、不沾手为止。

（4）将带手布拧干水分，平铺在案台上或晾挂在通风处。

第二节　厨房环境卫生清扫规范

厨房工作区域包括加工间、热菜烹调间、冷菜间、面点间等，其卫生要求和清扫程序如下。

▇▇◐◐ 一 加工间卫生要求与清扫

加工间通常是在常温条件下工作，由于处在原料的最原始阶段，泥土多、血水多、污物多、异味大是工作环境的基本特点。禁止泥土、血水、污物、异味进入下一道工序是加工间卫生的基本要求。

◆ 环境卫生清扫程序

1. 清扫地面的程序

加工间地面的卫生要求是：光亮，无油污和杂物，不滑，无水迹、烟头。

（1）先将可移动的物品移至房间中央，将加工中散落在地面的杂物碎屑清扫干净。

（2）用含清洁剂的湿拖把拖地面，让清洁剂在地面停留 5 分钟，使污垢松落。

（3）用板刷擦洗设备下面和周围的地面。

（4）将地面上的水推至排水沟。

（5）用清水洗干净拖把且拧干水分，用倒退法从厨房的一端横向擦至厨房的另一端，同样方法再擦一次。

（6）将拖把、板刷、水桶分别洗净，拖把吊起来晾干，地板干透后，将可移动物品归位。

2. 擦洗墙面的程序

加工间墙面的卫生要求是：光亮清洁，无水渍油泥，不沾手。

（1）用湿布蘸洗涤剂水，从上至下擦洗墙壁。

（2）洗擦瓷砖的接缝处。

（3）用湿布蘸清水擦 2 ~ 3 次，擦净。

（4）用干布擦干。

3. 清理冷库的程序

加工间冷库的卫生要求是：整齐、清洁，货架和地面无血水，制冷风叶片干净，无异味，机器运转正常。物品不得落地堆，不能压在一起，以防冷冻不透、物品变质。

（1）用清洁剂水擦净冷库货架。

（2）擦净冷库的叶片。

（3）地面用清洁剂水刷洗后，再用墩布擦干。

（4）各种原材料和半成品须加封保鲜纸并贴有日期标签。

（5）水产品、肉类、禽类、蛋类、蔬菜类等各种原料和半成品依次分类码放好。

4. 清理蔬菜库的程序

加工间蔬菜库的卫生要求是：库内干净整洁，无异味。

（1）用蘸过清洁剂水的湿布由上至下擦洗库内铁架。

（2）用清水洗净湿布，擦干净铁架。

（3）随时清扫、擦净地面。

（4）将洗净的蔬菜与未洗净的蔬菜分开摆放整齐。

5. 清理水池的程序

加工间水池的卫生要求是：没有油迹，没有异味，下水槽无臭味、异味，无油污、无杂物，下水管畅通。

（1）捡去水池内的污物、杂物。

（2）用洗涤剂水或去污粉刷洗水池内外。

（3）用清水冲净水池，水池外面用干布擦干。

6. 清理工具柜的程序

加工间工具柜的卫生要求是：柜子表面无油渍，无尘土和污物（不锈钢柜子表面要光亮如镜）；柜子里面的工具摆放整齐，柜内不乱放杂物和私人物品。

（1）将柜子内的工具、物品全部拿出，用洗涤剂水从内部到表面擦洗一遍。

（2）用清水冲洗柜子内外，柜内不留任何杂物。

（3）用干布擦干柜子内外。

（4）将工具分类整齐放回柜内。

7. 清理不锈钢案台的程序

加工间案台的卫生要求是：桌面光亮，用手摸各部位都不沾手。

（1）用加入洗涤剂的水将桌面和桌腿擦净。

（2）再用清水擦净。

（3）用干布从案台的一端顺序擦至另一端，使案子各部位没有油迹。

◆ 设备卫生清扫程序

加工间的绞肉机、切片机、锯骨机使用频率高，清洗时首先要高度注意安全；其次必须做到一用一清洗。绞肉机和切片机的卫生要求是：机器内不留残余物，无杂物，外表干净，无油、无血渍和其他脏东西。清理绞肉机、切片机、锯骨机的程序如下。

（1）机器用完后，要断电后再将机头和刀片拆下来。

（2）用洗涤剂水清洗刀片及其各零部件。

（3）用蘸有洗涤剂水的湿布擦洗机身。

（4）用清水冲洗全部零部件。

（5）用清水将湿布洗干净，擦拭机身。

（6）用干布将机身、零部件擦干净。

（7）将机器按原样安装。

◆ 工具卫生清扫程序

1. 清理刀具的程序

加工间刀具的刀把一般缠成红色和蓝色，表示可以直接加工生肉类原料和海产品原料。其卫生要求是：随时磨亮，去锈迹，做到无锈迹、无油渍、无污物。

（1）用后清洗干净，用干布擦干。

（2）放在干燥通风的指定地点（或刀具柜中）。

2. 清理菜墩、砧板的程序

加工间一般使用蓝色的菜墩和砧板，其卫生要求是：干净、无污、无油、无霉迹；每星期至少三次把其放入蒸箱或汽锅内蒸煮20分钟。

（1）木制的菜墩、砧板使用后，要先用刀将其表面刮净，再用清水冲洗干净；塑料砧板使用后，要先放在水池中用百洁丝将表面擦洗干净。

（2）用洗涤剂、板刷将墩、板面刷至无油，再用清水冲净。

（3）竖立在通风处。

3. 清理不锈钢用具的程序

加工间的不锈钢用具主要包括各种盆、盘、盒等容器，其卫生要求是：容器内外及用具上干净无油。

（1）用洗涤剂水将所有的不锈钢容器及工具洗干净。

（2）再用清水冲洗一遍。

（3）用干布擦干放进工具柜中。

4. 清理豆腐板的程序

豆腐板的卫生要求是：表面没有残余的豆腐渣，能清晰地看见木板的本色。

（1）将清水注入水池。

（2）将豆腐板放入水池中用板刷清洗。

（3）再用清水将其表面冲洗干净。

（4）竖立在通风处。

5. 清理蔬菜筐（箱）的程序

蔬菜筐（箱）的卫生要求是：干净、无油渍、无污物。

（1）将洗涤剂调入清水中，把蔬菜筐（箱）放入调好的水中浸泡。

（2）用刷子将蔬菜筐（箱）内外刷洗干净。

（3）用清水冲净。

（4）放置在规定地点，如果是蔬菜箱必须立放。

6. 清理豆芽桶的程序

豆芽桶的卫生要求是：桶内无残物，外表干净。

（1）豆芽桶使用后要用清水将桶内外擦洗干净。

（2）再用无油的干布将里外擦拭干净。

（3）放置在指定地点。

二 热菜间卫生清扫

热菜间的环境温度偏高，油污重、油烟重、水汽重、湿度大，这是其工作环境的基本特点。生熟分开，防止微生物污染，为餐厅提供符合国家卫生标准的菜品是热菜间卫生的基本要求。

◆ 环境卫生清扫程序

1. 清扫地面的程序

热菜间地面的卫生要求是：光亮不滑，无浊污、杂物、水迹、烟头。清扫程序与加工间相同。由于热菜间有油锅、炉火、电器等，工作环境特殊，因而地面的防滑、干燥、畅通十分重要。

2. 擦洗墙壁的程序

热菜间墙面的卫生要求是：光亮、清洁，无水迹、油泥，不沾手。其清扫程序与加工间相同。

3. 清理仓库的程序

热菜间小仓库的卫生要求是：货架无灰尘；原料干净，码放整齐、利落；地面无杂物、无烟头；库内无私人物品。

（1）将原料取出先放在一边，然后用湿布将货架擦干净。

（2）将罐头、瓶装原料、盒装原料擦干净，检查是否过期，依次分类整齐地码在货架上。

（3）检查干货原料有无生虫、霉变，然后放在干净的纸箱里，码在货架上。

（4）检查其他散装原料是否变质，若变质，处理变质原料；可用原料放在干净的不锈钢容器内，放在货架上。

4. 清理水池的程序

热菜间水池的卫生要求是：没有油迹，没有异味，下水槽无臭味、异味，无油污、无杂物，下水管畅通。其清扫程序与加工间水池清扫程序相同。

5. 清理灭蝇灯的程序

热菜间灭蝇灯的卫生要求是：灯网内无杂物和尘土，无死蝇，使用正常。

（1）关闭电源。

（2）用干布掸去灯网内的尘土。

（3）用湿布擦净上面各部位的尘土，待其干后，接通电源。

6. 清理储物柜（不锈钢柜）的程序

热菜间的储物柜以收存物品、干货为主，其卫生要求是：柜内无杂物，无私人物品，无变质原料，干净、整洁；柜外光亮、清洁、干爽。

（1）取出柜内物品。

（2）用含有清洁剂的温水擦洗内外四壁、角落、底部、柜腿，去掉油污，再用清水擦洗干净。

（3）用干布将柜子内外擦至光亮。

（4）将物品整理利落、干净（干货原料检查是否有虫、过期）后，依次放入柜内。

7. 清理调味品柜的程序

热菜间调味柜的卫生要求是：柜内各种调料分类码放整齐，无杂物，内外干净整洁。

（1）清理柜中存放的调料或罐头，检验是否过期，有无膨胀、胖听现象，如有化学胖听罐头要及时处理。

（2）用清洁剂擦洗柜内外，再用清水擦洗干净，用干布擦干。

（3）把罐头和固体调料分层放入柜中。罐头要用湿布擦去灰尘，固体调料放在不锈钢盘中并检验有无变质、生虫现象。

8. 清理配菜柜的程序

热菜间配菜柜的卫生要求是：柜内料罐干净整齐，原料新鲜卫生，菜台利落无污垢、无血迹、无水迹、无私人用品。

（1）及时清除一切杂物。

（2）用干布随时擦干墩子面、刀和配菜台上的水迹、血迹、污物等。

（3）检查料罐中的原料是否新鲜，新鲜的放进干净的料罐中继续使用，不新鲜的及时处理。

（4）水泡配料换水，放进干净的料罐中，加封保鲜纸放在大的不锈钢盘中，放进冰箱保存。

（5）将换下的料罐用清洁剂水洗干净，用清水冲净，干布擦干，放入指定的储物柜，下次再用。

9. 清理调料架（车）的程序

热菜间调料架（车）的卫生要求是：固态调料置于液态调料后面，液态调料罐内干净无杂物，调料之间不混杂，料罐光亮。

（1）将调料罐放置一边，用湿布蘸清洁剂水将调料架（车）和不锈钢盘洗净，擦干净。

（2）逐一清理调料罐，将余下的固态调料倒入洗净并擦干的料罐中，将液态调料用细箩去掉杂质，倒入洗净并擦干的料罐中。

（3）按照液态调料在前、固态调料在后的顺序，将调料罐码放在调料架（车）上。

10. 清理灶台的程序

热菜间的灶台由于煎、炒、烹、炸等烹调手段不断使用，使灶台每天都处于高热、多油、多水、多污垢的环境中，灶台也是每天出菜最多的环境空间，可见及时认真清理灶台卫生十分必要。灶台的卫生要求是：灶台上下干净，无油垢，熄火时无黑眼。

（1）关掉所有的火眼。

（2）向灶台面浇清洁剂水，用刷子刷洗灶台上的每个角落和火眼周围。

（3）用清水冲刷灶台直至清洁剂泡沫消失。

（4）点火检查炉灶火眼是否畅通，如果不通要立即清理。

（5）将灶台靠墙的挡板、开关处的油垢用湿布擦干净。

11. 清理漏水槽的程序

热菜间漏水槽的卫生要求是：无杂物、无油垢，水流通畅。

（1）用刷子将槽内的杂物归至漏斗上，提漏斗，将杂质倒入垃圾桶，安好漏斗。

（2）倒入少量清洁剂，用刷子刷洗整个槽内壁，再用清水冲干净。

12. 清理炊具架的程序

热菜间炊具架的卫生要求是：架子干净，炊具用具摆放整齐有序。

（1）将所有的炊具放到一边，用湿布蘸清洁剂水将架子从上至下擦洗，再用清水擦洗一遍。

（2）将干净的炊具按秩序摆放，一般勺、漏勺、铲等放在上层，盆、箩、秤等放在中层，油古子放在下层。

13. 清理化冻池的程序

热菜间化冻池的卫生要求是：池内外干净、光亮、无油、无杂物，海、禽、肉类分池化冻。

（1）检查化冻池的地漏是否通畅，除去杂质。

（2）用湿布蘸去污粉擦洗池子内外。

（3）用清水冲净池子内外，用干布擦干。

◆ 设备卫生清扫程序

1. 清理冷冻冰箱的程序

热菜间冷冻冰箱的卫生要求是：用托盘码放原料整齐、清洁，标签明显；水产品和禽类肉原料分开码放，层次分明；密封皮条无油泥、血水和异味；机器运转正常，风叶片干净；定期除霜。

（1）切断电源，打开冰箱门，清理出前日剩余原料。

（2）用清洁剂水擦洗货架、内壁、密封皮条、排风口。

（3）清除冰箱内底部的污物、菜汤及油污。

（4）用清水擦干净冰箱内部。

（5）用干净的毛巾擦干净所有原料，未用的原料重新更换保鲜纸并重新贴好日期标签。

（6）按照海、禽、肉类，成品和半成品分类，分别将原料码放在冰箱内不同的位置，按时间顺序分层码放。

（7）冰箱外部用清洁剂水擦至无油、光亮，再用清水擦洗干净。

（8）接通电源。

2. 清理恒温冰箱的程序

热菜间恒温冰箱的卫生要求是：内外整齐、清洁，生熟分开，荤素原料分开，机器运转正常，风叶片干净，冰箱内无罐头制品和私人制品。

（1）切断电源，打开冰箱门，将前日的剩余原料取出。

（2）检查是否有过保质期的原料，过保质期的原料及时处理，没过保质期的重新换盘并加保鲜膜，粘贴保质期标签。

（3）水泡原料换水。

（4）用湿布擦洗水箱内壁、货架及风叶片。

（5）用清水冲洗掉冰箱的污垢、血水，并擦干。

（6）擦洗密封皮条，使其无油污、霉点。

（7）将整理后的原料按照海、禽、肉分类，原材料和半成品分类放入冰箱，依次码好，不乱堆放。

（8）冰箱外用洗涤剂水擦洗，用清水冲洗，用干布擦干。

3. 清理蒸箱的程序

热菜间蒸箱的卫生要求是：干净，无油污。

（1）关好蒸汽阀门。

（2）取出后面的屉架，放入清洁剂水刷洗干净后，用清水冲净。

（3）用干布擦干净蒸箱内壁的污垢。

（4）清除底部的杂物，放入蒸屉架，关好门待用。

4. 清理万能蒸烤箱的程序

万能蒸烤箱具备自动清洗功能，全自动无菌清洗装置符合 HACCP 国际卫生标准，是食品机械卫生保洁的发展方向。万能蒸烤箱的卫生要求与普通蒸箱一致。

（1）功能选择：按住控制面板上的 p 按钮，待指示灯亮后，根据箱内清洁程度调节辊轴选择档位（从低到高为 1～4 四个档）。

（2）添加清洁剂：在蒸烤箱底部添加、更换洗涤剂。

（3）自动清洗：按 start 键开始自动清洗。

5. 清理微波炉的程序

微波炉的卫生要求是：炉体内外无残食、污迹，观察窗玻璃干净、通透性强，散热板干净、无油垢。

（1）切断电源。

（2）将微波炉内的转盘、垫圈取出，用清洁剂水清洗转盘、垫圈，再用清水将转盘、垫圈冲洗干净，用干布擦干。

（3）用带手布先将微波炉内的残食污物擦掉，然后用清洁剂水浸湿的带手布将微波炉内外、观察窗玻璃擦洗至无污物。

（4）用清水反复洗带手布，将微波炉内外擦拭干净至无清洁剂残留。

（5）用干布擦干微波炉内外，最后装好垫圈和转盘。

6. 清理电磁炉的程序

电磁炉的卫生要求是：炉体上下无残食、无污迹、无杂物。

（1）切断电源。

（2）用带手布蘸清洁剂水将电磁炉上下擦干净。

（3）用清水反复洗带手布，将电磁炉擦拭干净至无清洁剂残留。

（4）用干布擦干电磁炉内外，最后将电磁炉平放在厨房指定位置。

7. 清理货车的程序

热菜间货车的卫生要求是：车面光亮，无油泥、污迹，车轮无油泥，车箱内干净、无杂物。

（1）先将车上物品移开，将车上碎物清理干净。

（2）用湿布蘸清洁剂水从上至下擦洗干净车身各部位。

（3）再用干净的湿布将车身各部位擦干净。

8. 清理操作台的程序

热菜间操作台的卫生要求是：无水迹、污物、油污，光亮不沾手。

（1）先将操作台上的物品移开，将碎物清理干净。

（2）用湿布蘸清洁剂水擦洗操作台表面及台面下的架子和腿部。

（3）用清水反复擦洗台面及各部位。

（4）最后用干布擦干台面及各部位。

◆ 工具卫生清扫程序

1. 刷锅的程序

热菜间的锅主要是煸锅，其卫生要求是：干净，无煳点，锅沿没黑灰。

（1）将锅用大火烧至见红。

（2）放入清水池中用凉水冲凉。

（3）用刷子刷净锅内的黑烟渣。

（4）用清水冲洗干净。

2. 清洗不锈钢器具的程序

热菜间不锈钢器具主要有漏勺、手勺、箩、铁筷子、各种配菜盘、盆等，其卫生要求是：器具光亮，无油垢，无水迹。

（1）将器具放在水池内，倒入清洁剂，用百洁布擦洗油垢和污物。

（2）用清水冲洗器具至泡沫消失。

（3）再用干布擦干。

3. 清洗油古子的程序

热菜间油古子的卫生要求是：光亮、干净，油里无沉淀物，无异味。

（1）观察油古子里剩余的油是否变质，变质的油要倒掉。

（2）将可用的剩油过细箩倒入干净的油古子内。

（3）油底、渣滓倒掉。

（4）脏油古子用清洁剂洗净内外，用清水冲至泡沫消失。

（5）用干布将古子内外擦干，放入工具柜指定位置。

4. 清洗刀具的程序

热菜间刀具的刀把一般缠成红色和绿色，表示可以直接加工肉类和蔬菜。其卫生要求是：刀刃锋利，刀面无锈迹，刀把无油迹。

（1）将刀放在水池中，用清水冲洗干净。

（2）用干布擦干后放入刀箱内，并保持通风。

5. 清洗墩子的程序

热菜间一般使用红色的墩子或菜板，其卫生要求是：墩面干净、平整、无霉迹，不得落地存放。

（1）墩子用过后，用刀将墩子表面刮净。

（2）将墩子放入水池中，热水冲洗并用板刷和百洁丝刷净墩子表面。

（3）用清水冲洗，用干布擦干墩子后竖立在指定位置，注意保持通风。

（4）每周用大锅沸水煮墩子一次，每次20分钟。

6. 清洗鸡蛋筐（箱）的程序

热菜间鸡蛋筐（箱）的卫生要求是：内外干净，无污迹、无鸡屎、无草棍、无蛋液。每箱鸡蛋用完后，要将鸡蛋箱内外用清水刷洗干净。

7. 清洗蔬菜筐（箱）的程序

热菜间蔬菜筐（箱）的卫生要求是：内外干净，无杂物、无泥土、无血污。

（1）将洗涤剂调好，把蔬菜筐（箱）放入调好的水中浸泡。

（2）用刷子将蔬菜筐（箱）内外刷洗干净。

（3）用清水冲净。

（4）放置在规定地点，如果是蔬菜箱必须立放。

三 冷菜间卫生清扫

冷菜间的产品性质特殊，防止食品微生物的交叉污染是冷菜间卫生的基本要求。

◆ 环境卫生清扫程序

1. 清扫地面的程序

冷菜间地面的卫生要求是：地面光亮不滑，无油污、无杂物、无水迹，操作中要保持干净、无水。

（1）将可移动物品移开，用湿拖布浇上温水沏制的清洁剂水，从里向外倒退着由厨房一端横向擦至另一端。

（2）用清水洗净拖布，拧干水分，反复擦两遍。

（3）待地面干透后，将可移动物品归位。

2. 擦洗墙壁的程序

冷菜间墙壁的卫生要求是：光亮清洁，无水迹、油泥，不沾手。

（1）用湿布蘸清洁剂水，由上至下擦洗墙壁。

（2）细擦瓷砖的接缝处。

（3）用清水将布投洗干净，重复擦2～3次直至擦净擦干为止。

3. 清理消毒灯的程序

冷菜间消毒灯的卫生要求是：无尘土，定时开关、紫外线灯管保证有效。

（1）关闭电源。

（2）用湿布擦净灯罩、灯管。

（3）干透后检查紫外线灯管是否有效。

（4）及时更换损坏的灯管。

4. 灭蝇灯

冷菜间灭蝇灯的卫生要求是：灯网内无异物、无尘土、无死蝇，使用正常。

（1）关掉电源。

（2）用干布掸去灯网内的尘土及死蝇。

（3）用湿布擦净上面各部位的灰尘。

（4）待其干透后，接通电源。

5. 清理操作台的程序

冷菜间所有操作台的卫生要求是：干净、光亮，整齐、无油、利落，操作台下面的柜子内和架子上干净整洁，内外光亮，无油泥，干爽无水，无杂物，无有毒有害物，无私人物品；冷菜间的操作台上，不准堆放下脚料（下脚料应放在盆或盘中），并随时保持桌面整洁、利落。

（1）将台面上的杂物清理干净，将下面柜内或架子上的东西取出。

（2）用清洁剂水将操作台面、柜子内或架子擦洗两遍，注意柜内四壁及角落。

（3）用 3/10 000 的优氯净消毒水擦拭一遍。

（4）将柜内物品清理后依次归位。

（5）最后将柜门里外及柜底部依次用洗涤剂水擦去油污，用清水擦净，用干布擦至光亮。

◆ 设备卫生清扫程序

1. 清理冷菜间内恒温冰箱

冷菜间内的恒温冰箱的卫生要求是：冰箱内部干净，任何地方无油泥，无尘土，无积水，无异味，无带泥制品，无脏容器和原包装箱，无罐头制品，无私人物品；原料码放整齐，符合卫生标准。冰箱外部干净明亮。

（1）打开门，清理出前日剩余食品。

（2）用清洁剂水擦洗冰箱内部，洗净所有的屉架及内壁底角四周，捡去底部杂物，擦去污水及菜汤。

（3）将冰箱门内侧的密封皮条和排风口擦至无油泥，无霉点。

（4）用 3/10 000 的优氯净将冰箱内全部擦拭一遍。

（5）将当天新做的菜肴放入消毒后的器皿中凉透后，加封保鲜纸，分层次、有顺序地放入冰箱中，不得直接摆放。

（6）将需要回火的菜交回炉灶加热。

（7）冰箱外部用清洁剂水擦至无油，用清水擦两遍；清除冰箱把手和门沿上的油泥，用清水擦净，再用干布把冰箱整个外部擦至光洁。

（8）用夹子将在 3/10 000 优氯净中浸泡 20 分钟的小毛巾夹在冰箱门把手处，使小毛巾保持湿润。

（9）用湿布将冰箱底部的腿、轮子擦至光亮。

2. 清理冷菜间外低温冰箱的程序

冷菜间外低温冰箱的卫生要求是：冰箱内干净整齐，无污物，无血水，无杂物；外部明亮干净，无油泥，无尘土。

（1）切断电源，清理出所有生料食品，并分类。

（2）将冰箱内壁、屉架、门内侧密封皮条、排风口用清洁剂水洗净，擦至无油泥、无霉点。

（3）用清水擦干净冰箱内部，再用干布擦干。

（4）将水产品、禽、肉、蛋、蔬菜等生原料重新更换保鲜纸，贴好标签，分类依次放入冰箱内不同的位置，层次分明，不乱堆放。

（5）冰箱外部用清洁剂水擦至无油，门把手和门鼻外的油泥一定要清除干净（重度不洁时用去污粉擦净）。

（6）再用清水将冰箱外部擦净，用干布擦至光亮。

（7）接通电源。

3. 清理货车的程序

冷菜间货车的卫生要求是：车面光亮，无油泥、无污迹，车轮无油泥，车箱内干净，无杂物。

（1）先将车上物品移开，将车上碎物清理干净。

（2）用湿布蘸清洁剂水从上至下擦洗干净车身各部位。

（3）再用干净的湿布将车身各部位擦干净。

◆ 工具卫生清扫程序

1. 清洗刀具的程序

冷菜间刀具的刀把一般缠成绿色和白色，表示可直接加工水果、蔬菜和熟食。冷菜间的刀具在使用前，一定要消毒。其卫生要求是：干净锋利，刀面无铁锈，刀把无油迹。

（1）将刀放在水池中，用清水冲洗干净（有油时用清洁剂洗净）。

（2）用干布擦干后放通风处定位存放。

2. 清洗墩子的程序

冷菜间一般使用绿色菜墩或菜板，其卫生要求是：墩子无油，墩面洁净、平整，无异味，无霉点。

（1）墩子用过后，用刀将墩子表面刮净。

（2）再将墩子放入水池中，用热水冲洗并用板刷和百洁丝刷净墩子表面。

（3）水池中兑 3/10 000 的优氯净消毒水，将墩子或菜板放进消毒水中浸泡消毒。

（4）用清水冲洗干净，再用干布擦干墩子后竖立在指定位置，注意保持通风。

（5）每两天用汽锅蒸煮墩子一次，每次 20 分钟。

3. 清理装熟食器皿的程序

冷菜间装熟食的器皿无论是盆、盘还是盒，使用前都必须经过消毒，做到专消毒、专保存、专使用。其卫生要求是：内外干净，光亮，无油，无杂物。

（1）去掉容器中的杂物，用清洁剂水冲洗干净至无油、无杂物。

（2）放入 3/10 000 优氯净中浸泡 20 分钟，取出用清水冲净（或用蒸笼蒸 15 分钟），用消毒毛巾擦干水分。

（3）放进指定储物柜待用。

（四）面点间卫生清扫

◆ 环境卫生清扫程序

1. 清扫地面的程序

面点制作间的地面通常无水渍、油渍，但面粉、面粒、面糊有时会散落在地面，所以面点间地面的卫生要求是：干净，无面迹、水迹、污物。其地面清扫的程序一般如下。

（1）用扫帚将地面扫净。

（2）用湿墩布从厨房的一端横向倒退擦至另一端。

（3）用清水洗干净墩布，挤干水分再擦一次。

2. 清理库房的程序

面点间的库房主要存放粮食、糖、油、熟甜馅、干果、果脯蜜饯和罐头等，库房保持常温和通风即可。面点间库房的卫生要求是：货架无灰尘；原料干净，码放整齐、利落；地面无杂物，无烟头；库内无私人物品。

（1）将原料取出先放在一边，用湿布将货架擦干净。

（2）将罐头、瓶装原料、盒装原料擦干净，检查是否生虫、霉变，是否过期（若过期，处理变质原料），可用原料贴好标签，依次分类整齐地码在货架上。

（3）将所有桶装原料的外包装桶擦净，货物摆放整齐，大笼屉整齐地码放在货架上，小的笼屉放入筐箩内。

（4）擦净库房内地面和墙面，保证无油污。

3. 清理面点制作案台（板）的程序

面点制作间的案台通常有木制台面、大理石台面和不锈钢台面三种，其卫生要求是：案子表面干净，无杂物，无面迹、油迹。无论使用哪一种台面，工作前都要去掉案板上的杂物，再用湿布将台面擦拭干净。案台使用后，无论当天是否再次使用，均须按下列步骤清扫。

（1）将案子上的工具清洗干净，放回工具柜，剩余物品清理干净。

（2）用小扫帚将案子表面清扫干净，用刮刀将表面杂物刮下，杂物倒进垃圾桶。

（3）用湿带手布将案子表面洇湿，再用刮刀刮净面渍、油渍等污渍，污渍用带手布擦入水盆中倒入水池，禁止污水流到地面。

（4）反复用清水投洗带手布，并将案子表面擦净。

（5）最后用干净、挤干水分的带手布从案子的一边顺序擦向另一边。

4. 清理工具储物柜的程序

目前面点间的工具柜大多是不锈钢材料的立式柜，面点工艺中常用的工具如盆、盘、箩、走槌、面杖、尺子板、剪子、刀具、模具、台秤等均放在工具储物柜中。

面点间储物柜的卫生要求是：柜子内外（包括抽屉）干净，无油污、尘土、杂物，工具物品摆放整齐有序。

（1）将柜子、抽屉内的工具物品全部拿出，用清洁剂水擦洗柜子内、门、底部、柜角，再擦柜底、柜腿及抽屉，使其无油污、面渍、尘土，再用清水将柜子内外擦干净，最后用干布擦干。

（2）将所有工具用清水擦洗，再用干布擦拭干净后分类放入柜中。台秤（电子秤）、箩筛放在上层，各种盆、盘容器放在中层，刀具、面杖放在下层，油刷、尺板、模具等小工具放在抽屉里。

◆ 设备卫生清扫程序

1. 清理冰箱的程序

面点间冰箱的卫生要求是：外表光亮，无油垢，内部干净，无油垢、霉点，物品码放整齐，无异味。清理冰箱的程序如下。

（1）切断电源，打开冰箱门，清理出前日剩余的原料，擦净冰箱内部及货架、密封条、通风口。

（2）将放入冰箱内的容器擦干净，所有食品更换保鲜膜，贴好标签，容器底部不能有汤、水等杂物。

（3）冰箱外表用清洁剂水擦洗至无油垢，再用清水擦洗干净，最后用干布擦光亮。

2. 擦拭烤箱、饧发箱的程序

面点间烤箱、饧发箱的卫生要求是：箱内无杂物，外表光亮，控制面板、把手光亮。

（1）切断电源，将烤箱、饧发箱外表用湿布擦干净（重度不洁时用洗涤剂清洗），再用干布擦干至外表光亮。

（2）烤箱冷却后，将烤箱内清理干净；将饧发箱内及架子擦净，更换饧发箱内的水。

3. 擦拭和面机、轧面机、搅拌机的程序

面点间和面机、轧面机和搅拌机的卫生要求是：干净，无面粉，无污粉。

（1）切断电源，卸下各部件（面桶、托盘、搅拌器等），用清水擦洗设备表面，去掉面污、面嘎，再用清水擦洗干净至表面光亮。

（2）将卸下的部件用温水清洗干净，擦干后装在机器上。

（3）将机器周围的地面清扫干净。

4. 清理电饼铛的程序

面点间电饼铛的卫生要求是：内外干净，无杂物，表面光亮。

（1）切断电源，用清洁剂水将饼铛及架子擦洗干净，重度油垢可用去污粉擦洗，再用清水清洗。

（2）将饼铛内用热水擦洗干净至无油，无污物。

（3）用干布由内至外、由上至下将饼铛及架子擦干。

5. 擦拭汽锅蒸箱的程序

面点间汽锅蒸箱的卫生要求是：干净明亮，无米粒、污迹。

（1）关闭送气阀门，将内屉取出刷净，清除内部杂物、污物。

（2）接通皮水管冲洗汽锅内外，再用干布擦干汽锅蒸箱表面。

（3）将内屉放在指定的架子上。

（4）将屉布用清水浸泡透，洗去粘在上面的米粒和面块，再用清水反复投洗至不沾手。

（5）最后拧干水分，晾在通风处。

6. 清理不锈钢物品架（车）的程序

面点间为了节省空间和运送方便，常常会配置一些专门放置烤盘、层屉、饺子板的可移动的架子。其卫生要求是：干净，无杂物，不沾手。

（1）用刮刀将烤盘、层屉、饺子板表面刮干净，用温水刷洗至烤盘无锈迹，层屉无米粒，饺子板无面嘎。

（2）用清洁剂水从上至下刷洗架子，再用温水擦净货架表面。

（3）将烤盘扣放，自上而下插入架子层中；层屉分别插入架子层中；饺子板两个板对放，码放整齐。

◆ 工具卫生清扫程序

1. 清洗刀具的程序

面点间的刀具除普通菜刀外，还包括刮刀、铲刀等，菜刀的刀把一般缠成白色。面点间刀具的卫生要求是：干净无油，无霉迹，无铁锈。

（1）先将刀面污物刮净，再将刀逐个放在水池中，用百洁布清洗（有油时用清洁剂洗净），再用水冲洗干净。

（2）用干布擦干后放在通风处定位存放。

2. 清洗墩子的程序

面点间一般使用白色菜墩或菜板，其卫生要求是：墩子无油，墩面洁净、平整，无异味，无霉点。

（1）墩子用过后，用刀将墩子表面刮净。

（2）将墩子放入水池中，热水冲洗并用板刷或百洁丝刷净墩子表面。

（3）用清水冲洗干净，再用干布擦干墩子后竖立在指定位置，注意保持通风。

3. 清洗台秤（电子秤）的程序

台秤在厨房属于"精密仪器"，清洗过程要注意对其精度的保护，特别是电子秤，不能水洗，只能用干净的湿布擦拭。

（1）将秤盘内外表面的油污面垢去掉。

（2）用百洁布蘸清洁剂水，将秤盘内外刷洗干净。

（3）用清水冲洗并用干布擦干。

（4）将台秤底座用湿布擦干净。

（5）将秤放在通风、平稳的指定位置。

4. 清洗箩筛的程序

（1）将箩表面的杂物清理干净，在清水中浸泡数分钟。

（2）用百洁布将箩内外擦干净，特别注意将箩内圈的边角擦洗干净。

（3）用清水冲洗箩内外，去掉残杂物。

（4）用干布擦干箩内外，不留水渍。

（5）避开刀、剪等锐器物，放在通风干燥的指定位置。

5. 清洗面杖、尺子板的程序

（1）面杖、尺子板等木制工具使用后要用刮刀将表面刮干净。

（2）用清水清洗干净。

（3）用干布擦干放在指定位置。

6. 不锈钢模具

通常不锈钢模具使用后，直接用干布擦干净即可。但是有时模具用久了，粘在上面的面坯不容易擦干净，此时需要用水洗。水洗不锈钢模具的程序如下。

（1）将模具放入盆内，倒入热水和清洁剂，用百洁布擦掉油垢和污物，同时注意清洁模具的缝隙处。

（2）将模具用清水冲洗干净直至清洁剂泡沫消失。

（3）用干布将模具擦干，不留水迹。

（4）将模具放在指定处。

7. 木制模具

（1）将模具放入盆内，倒入温水浸泡。

（2）用牙签将纹路内的面垢挑净，再用清水冲洗干净。

（3）用干布将模具擦干。

（4）将模具放在通风处。

8. 清洗笼屉（竹屉）的程序

（1）笼屉使用后要先将表面的面污清理干净。

（2）用百洁布蘸清水擦洗笼屉的表面和侧面，直至清除面污。

（3）用干布擦干，立放在指定的通风处。

本章案例

▌案例 5-1：手的卫生

1. 案例综述

2001 年 8 月，第 21 届世界大学生运动会前夕，来自各饭店的志愿者在刚刚落成的大运村进行最后准备。由于西餐餐厅需 24 小时不间断地为运动员提供餐饮服务；热菜厨房一个早餐就要连续在扒板前煎两箱鸡蛋、三箱牛排，每次早餐供应完毕，厨师小马、小赵的衣服都像被雨水浸透了一样；冷菜间更是忙得让工作人员连倒垃圾、去洗手间都得一路小跑……

区卫生防疫站非常重视冷菜的安全，连续三天采样化验检查，可结果令人担忧。整个的西红柿化验后，各项指标正常，而切开的西红柿片，大肠杆菌数不断上升。众所周知，大肠杆菌是衡量厨房卫生管理水平的一个重要指标，大肠杆菌数越多，说明食品被污染的可能性越大，被污染的食物引起食物中毒的可能性也越大。厨师长心急如焚，急忙召开紧急会议，分析原因，寻找对策。终于大家找到了大肠杆菌数超标的原因，通过采取措施，很快冷菜间的全部食品都指标正常了。

2. 基本问题

（1）分析引起大肠杆菌数不断上升的原因。

（2）厨房采取什么措施可以杜绝细菌的污染？

（3）如何正确地洗手？

3. 案例分析与解决方案

（1）大肠杆菌污染的原因

大肠杆菌主要是通过粪便传播的，在厨房传播的主要途径是手。厨师在上厕所、打电话、进出厨房时，手摸门把手的过程均有可能经过手传播大肠杆菌。案例发生时间为夏天，大肠杆菌繁殖迅速，工作忙使厨师忽视进入冷菜厨房二次更衣间的洗手消毒问题，因而引起食物中的大肠杆菌数不断上升。

（2）杜绝细菌污染的方法

目前冷菜间杜绝细菌污染的方法主要有如下几种。

① 进入冷菜间必须在二次更衣间按程序认真洗手消毒，更换工作服。

② 冷菜间所有门把手（包括冰箱、柜子）用消毒水浸泡过的小毛巾捆绑，并每天更换。

③ 每天用紫外线灯照射消毒冷菜间的设备。

（3）厨师正确的洗手方法

无论厨房工作多忙，只要进入冷菜间工作，就必须经过二次更衣后认真洗手。洗手的程序如下。

① 用肥皂在手上擦洗、揉匀 15 秒 ~ 20 秒。

②掌心相对，手指并拢，相互搓擦。

③手心对手背，沿指缝相互搓擦。

④掌心相对，十指交叉，沿指缝相互搓擦。

⑤一手握另一手大拇指旋转搓擦，交替进行。

⑥一手握拳在另一手心旋转搓擦，交替进行。

⑦将五个手指尖并拢在另一手掌心旋转搓擦，交替进行或用指甲刷刷净指甲。

⑧在温水下冲洗，用一次性纸巾（或电吹风）将手擦（吹）干。

案例5-2：个人卫生养成

1. 案例综述

李珊在中餐厨房实习，每年5月份是卫生强化月，今年的重点是狠抓员工个人卫生习惯养成。行政总厨要求李珊仔细观察，在"职工之家"的宣传栏对厨房员工的个人卫生习惯养成情况进行先进表扬、不足指出活动，以便进行整改。

李珊经过一周的观察，写出了为"职工之家"投稿的稿件，请厨师长审查。在李珊的稿件中分别表扬和批评了三件事。

表扬：①厨师小张，开罐头时不慎将手划了一道口子，可这两天订单多，人手少，就带病坚持工作。②冷菜间的张师傅见洗手池边的吹风机坏了，大家洗手后只能甩甩手，等手干了再干活，于是主动从家里带来毛巾挂在洗手池边供大家擦手用。③有些厨师上班嚼口香糖，嚼口香糖有助于清除口臭，提出表扬。

批评：①冷菜间的霍刚，上班时佩戴一只腕表。②面点间的黎丽工作期间梳披肩发。③热菜间的邢师傅烟瘾大，总是跑到吸烟室去吸烟。

建议：①初加工间在地下室，没客人看得见厨师，所以建议厨师每三天换一次工作服，这有利于开源节流。②所有食品准备、加工区域应配备急救药箱。

2. 基本问题

（1）对李珊表扬的事情进行评价，为什么？

（2）对李珊批评的事件进行评价，为什么？

（3）李珊的建议怎么样？应采纳她的建议吗？为什么？

3. 案例分析与解决方案

（1）表扬分析

① 按照厨房卫生管理规定：患病员工不得上岗且必须通报行政总厨；"如遇有割伤或其他受伤，不能继续进行开放性食品的加工或处理，直到伤愈为止"，所以不提倡厨师"带病坚持工作"。

② 按照厨房卫生管理规定，"洗手池旁应设有擦干或吹干设备，如一次性纸巾、吹干机"，毛巾反复使用会造成手和毛巾的交叉感染。吹风设备损坏，应及时报工程部修理。

③ 按照厨房卫生管理规定，厨房"工作时不剔牙、不嚼口香糖"，因为口香糖可能会不慎掉进加工食品中，口香糖也会粘上有害微生物，污染食品。

（2）批评分析

① 厨师仪容仪表标准中要求男女员工均禁止佩戴腕表、戒指、耳环以及其他一切身体上的环饰，包括舌环、鼻环、眉环等，因为这些饰品与皮肤接触的部位不易清洗干净，容易留下污迹，从而污染食品。

② 厨师仪容仪表标准中要求女员工头发干净、长发应盘于脑后，短发用发夹固定，用帽子和发网固定、包裹头发，避免污染食品。

③ 厨师仪容仪表标准中要求"每天洗澡，经常洗发，建议使用除臭剂；经常刷牙避免口臭"，"工作时不剔牙、不嚼口香糖"。

（3）对建议的采纳

厨师仪容仪表标准要求中规定"工作服要每天更换且在指定区域内穿着；工作中必须系围裙、角巾（汗巾）、戴工作帽"，所以厨师长对第一条建议不予采纳，但是采纳了李珊的第二条建议。很快，厨房所有食品准备、加工区域都配备了急救药箱。

▌案例 5-3：设备清洗方法

1. 案例综述

京欣大酒店咖啡厅近日生意红火，为配合日益繁忙的经营，厨师长申请购置了两台电磁炉，用于客前服务的现场制作，每天上午由厨房厨师安装在前台服务区内，当堂制作一些食品，并于每日餐后送回厨房清理卫生，以保持干净整洁。餐厅自增加新项目后，营业额日渐增加，且服务深受客人喜爱，项目进行得很顺利。

星期二新来的实习生刘山负责收档，前台收拾干净后，他将电磁炉搬回厨房，随后他接了一盆水，放入洗涤剂并搅拌均匀，紧接着他搬起电磁炉放入洗涤液中，领班见状被惊得目瞪口呆，愣了片刻急忙捞出电磁炉，但是已为时过晚，电磁炉彻底毁损，无法修复。

2. 基本问题

（1）刘山的操作程序有什么问题，为什么？

（2）刘山本人应吸取哪些教训？

（3）此案例说明该厨房管理中存在哪些问题？

3. 案例分析与解决方案

（1）电磁炉清洗程序错误

刘山清洗电磁炉前切断电源，将电磁炉带回厨房清理是正确的。但是电器设备不能用水浸泡清洗，否则将造成设备短路，继续工作时会烧毁设备。

（2）应吸取的教训

新员工进入厨房不但要有工作热情，重要的是要有工作技能和基本工作知识。电磁炉的清洁方法属于行业基本知识，刘山应加强专业学习。

（3）厨房管理缺陷

厨房管理缺乏对新员工的培训和现场指导。新员工工作中没有指定老师傅指导是厨房岗位职责不清，是厨师长管理的失职。

案例5-4：卫生清扫方法

1. 案例综述

烹饪职业学校的李老师在新学期开学的第一天带领烹饪班的学生对学校的仿真厨房——中餐烹调实习教室、中餐面点实习教室、中餐初加工教室进行卫生清扫，在学生进行卫生清扫的过程中，他不断发现学生操作上的问题，基本情况如下。

加工厨房：① 学生李响正在将水龙头开到最大，希望用水将水池里的污物、杂物冲入下水道，使水池子干净。② 学生张睿用湿布蘸洗涤剂，从下至上认真地擦洗墙壁；而且将瓷砖的接缝处擦得干干净净。③ 学生李立将清理干净的菜墩整齐地平放在不锈钢案子上。

中餐厨房：① 学生赵飞正在用干布掸开着的灭蝇灯网内的尘土。② 学生罗刚已经清洗完冰箱，正在将冰箱内的物品照原样放回冰箱。③ 学生刘利被分配清理调味品柜，她打开柜子看到调味品包装完整，摆放整齐，于是就将柜子表面擦至光亮。

面点厨房：①学生田甜正在清理木制案子，用干布使劲擦案子上的面垢。②学生王萧萧正在用水管子冲洗地面。③学生赵晓将窗台擦得干干净净，并将同学们的水杯整齐地摆在窗台上。

2. 基本问题

（1）指出加工厨房清扫方法的错误。

（2）指出中餐厨房清扫方法的错误。

（3）指出面点厨房清扫方法的错误。

3. 案例分析与解决方案

（1）加工厨房清扫方法的错误

① 用水将水池里的污物、杂物冲入下水道，水池子暂时干净了，但会使下水道堵塞。正确的方法是要先捡去水池内的污物、杂物，用洗涤剂水或去污粉刷洗水池内外，再用清水冲净水池，水池外面用干布擦干。

② 擦洗墙壁的顺序是由上至下，否则擦洗上面时，污水会顺墙下流，将下面已擦干净的墙面再次弄脏。

③ 洗净的菜墩应竖立在通风处。

（2）中餐厨房清扫方法的错误

① 清理灭蝇灯时应首先关闭电源，用干布掸去灯网内的尘土，然后用湿布擦净上面各部位的尘土，待其干透后，再接通电源。

② 冰箱内部清洗干净后，所有原料应该重新更换保鲜纸并贴好日期标签，按照海、禽、肉类，成品和半成品分类，分别码放在冰箱内不同的位置且层次分明。

③ 清理调味品柜必须检查调料或罐头是否过期，有无变质生虫现象。罐头在放回柜子前应该用湿布擦去灰尘。

（3）面点厨房清扫方法的错误

① 清理面点间案子，应先用小扫帚将案子表面清扫干净，用刮刀将表面杂物刮下，杂物倒进垃圾桶。然后用湿带手布将案子表面泅湿，再用刮刀刮净面渍、油渍等污渍，污渍用带手布擦入水盆中倒入水池，禁止污水流在地面。最后用干净、挤干水分的带手布，从案子的一边顺序擦向另一边。

② 面点间的地面没有热菜间那么多的油渍，加工间那么多的污物，所以一般不用水冲刷，只用湿墩布从厨房的一端横向倒退擦至另一端即可。

③ 窗台上不能摆放任何物品。

案例5-5：冷菜间的卫生

1. 案例综述

鹿苑酒店餐饮部依据饭店管理层的指示，采取减员增效的措施，对相关班组进行了调整。通过两年的努力，终于达到管理层规定的人均劳效、人均创收指标。但是员工流失现象逐渐严重，特别是冷菜间厨房，近期又有 3 名员工递交辞职信，厨师长紧急调派两名员工王强、杨宾替班。在当月的区卫生监督所现场检查中，王强和杨宾没有按照食品安全法的要求穿工服、戴口罩，检查询问过程中还发现他们对安全法中的洗手知识、消毒知识不甚了解，酒店随即收到了区卫生监督所发来的《卫生监督意见书》。

2. 基本问题

（1）该案例发生的起因是什么？

（2）该案例中王强、杨宾的主要问题有哪些？

（3）与该案例相关的法规是什么？

3. 案例分析与解决方案

（1）该案例发生的起因

从表面上看是减员增效及员工流失，造成冷菜间厨房厨师减少，进而影响冷菜间生产的正常运作的主要原因，但实际上反映出厨房管理上存在问题，主要表现在以下几方面。

① 厨房组织机构设置不合理。餐饮企业属于劳动密集型产业，厨房人员应该按企业经营规律配置，单纯的裁员从表面上看达到了人均劳效指标，但是可能埋下隐患。

② 培训工作不到位。新换岗进入冷菜间的厨师，应该进行相关岗位知识的培训。

（2）王强、杨宾的主要问题

① 厨师个人卫生习惯养成有问题。冷菜切配间是厨房卫生管理中的重中之重，厨师卫生习惯的养成对预防微生物交叉感染具有积极意义。王强、杨宾在切配工作中，违反了必须按要求佩戴口罩的行业规定。

② 在厨房新的工作岗位，应尽快熟悉新的工作要求。如进入冷菜间必须进行二次更衣；熟品切配前，按洗手程序要求认真洗手；进行熟品切配使用专用案板和刀具且用酒精棉消毒等。

（3）与该案例相关的法规

与该案例相关的法规《餐饮业和集体用餐配送单位卫生规范》第三章第 15 条和《餐饮业食品卫生管理办法》第四章第 22 条都规定"操作人员进入专间前应更换洁净的工作衣帽，并将手洗净、消毒，工作时宜戴口罩"，制作凉菜应当符合"五专"要求，即专人、专事、专工具、专消毒、专冷藏，而该厨房由于员工流失，无法做到专人，进而使员工对冷菜间的制度不清。

■ 本章实践练习

1. 按厨师仪容仪表要求进入实践课操作教室上课，学生间互相检查仪容、着装以及操作行为卫生习惯，指出不足，提出修正意见。

2. 按操作程序逐一清洗学校烹饪实践教室的设备与工具，体会程序间的内在联系。

第六章
厨房生产流程

厨房生产流程从宏观角度分析，是指从原料进货到制成成品各工序安排的程序。按照厨房生产特点，厨房各区域、各个生产环节也都有各自的生产程序。厨房生产流程是一根链条，每一道程序除保证完成本程序规定的工作任务外，还必须检查上一道工序的质量，并为下一道工序提供合格产品。

第一节　食品储藏及加工区域生产流程

厨房食品储藏及加工区域是厨房生产运作的起始点，是菜点制作的准备阶段。该区域内生产流程的规范性关系到菜点的成本和质量，该区域的生产流程是厨房的关键控制点。

◀█◀ 一 食品储藏区域

食品储藏区域是厨房原料进货验收、储存、领料发货的区域。

1. 进货验收

进货验收是指厨房生产所用食品原料经采购部（员）采购后按照一定标准进行检验而后收存进厨房库房的过程。它是厨房生产的起始点，是厨房控制产品质量、控制生产成本的起始环节。

（1）进货验收标准与要求

① 验收人员由保管员、厨师长（或厨师班组长）、行政总厨师长、餐饮部经理（或餐饮总监）共同组成。

② 保管员主要负责验收原料的重量与数量；厨师长（或厨师班组长）主要负责验收原料的品质质量与数量；行政总厨师长、餐饮部经理（或餐饮总监）负责验收过程的监督并做一定的记录。

③ 对原料进行验收，通过看、闻、摸、尝等方法来鉴定，如原料品质质量有问题或与供货协议要求（或原料申购单）不符的规格和品种应当场拒收。

④ 验收的内容包括品种、产地、规格、包装、卫生标准、生产日期、保质期、合格证等项目。

⑤ 验收单据必须有保管员、行政总厨、餐饮部经理（或餐饮总监）三人共同签字方可生效。

（2）进货验收作业流程

① 将所有的原料进行分类堆放。

② 按一定的次序验收原料：冻品原料→新鲜的动物性原料→新鲜的植物性原料→罐装、袋装原料→干货原料。

③ 对照采购计划（或原料申购单），对原料的重量与数量进行称重验收。

④ 对照采购计划（或原料申购单），分别采用合理有效的方法对原料的品质质量进行验收。

⑤ 对照采购计划（或原料申购单），对原料的规格质量进行验收。

⑥ 发现原料在数量、品质质量、规格上与采购计划有出入的现象采取退货处理，并立即与采供部联系要求供货商补足符合要求的原料。

⑦ 对整个验收过程的重要情况做详细的记录。

2. 原料申领

原料申领是指厨师从库房领取厨房生产所用原料的过程。原料申领程序规范，手续齐全是厨房控制产品质量和生产成本的有效措施。

（1）原料申领标准与要求

① 按厨房生产需要数量申领原料。

② 原料申领必须符合菜品生产的规格。

③ 按菜品生产质量要求进行控制。

④ 严格按作业程序进行原料申领。

⑤ 准确、清晰、完整地填写原料申领单。

⑥ 原料申领、复核、审批签字要分别由多人进行监督、控制。

（2）原料申领作业流程

① 了解当日的订单，估计当天所有菜品各自的生产量。

② 对于加工相对比较费时、繁琐的菜品，需要了解第二天（甚至第三天）的订单，估计当天该菜品的生产加工量。

③ 对厨房内的原料（包括成品、半成品）进行粗略盘点。

④ 对厨房内的二级库房进行粗略盘点。

⑤ 根据当日需要加工的量、原料应有的规格、品质质量填写"原料申领单"。

⑥ "原料申领单"由相关领导复核、审批签字。

⑦ 厨房自留"原料申领单"一份，以备用复查。

3. 原料发放

原料发放是指库房将食品原料发给生产需要的厨房的过程。这是库房对厨房产品质量把关，对厨房产生成本监督的环节。

（1）原料发放标准与要求

① 原料发放的手续必须齐全。

② 按库存的归类分别发放原料。

③ 原料发放要与单据中的数量要求、规格要求、质量要求相符。

④ 原料发放分装后要进行复查。

⑤ 发放原料要有详细的记录和领料人的签名。

（2）原料发放作业流程

① 备齐相关盛装原料的器皿。

② 检查称重器械的准确、精确度。

③ 认真检查相关单据（原料申领单、原料调拨单或提料单等）的手续是否齐全。

④ 按单据中的顺序逐一发放原料。

⑤ 按单据中的原料数量要求进行原料称重、发放。

⑥ 按单据中的原料规格要求进行原料发放。

⑦ 按单据中的原料质量要求进行原料发放，注意对包装物破损、罐头胖听、食物保质期的检查。

⑧ 原料初步发放、分装结束后，发放人员要进行复查。

⑨ 原料发放完毕后由领用人签字确认。

⑩ 对现存的原料进行盘点检查。

⑪ 做好库房（包括冷库）内物品（包括货架）的整理工作。

⑫ 做好善后清洁卫生工作。

二 厨房加工区域

厨房加工区域主要是指厨房对烹饪原料进行初步处理的区域，一般分为水产原料初加工区、禽类原料初加工区、蔬菜原料初加工区。一些经营类别比较齐全的风味厨房还专门设置对乳猪、狗、肉类野味等小型活养原料和家畜内脏、头蹄等的加工区。厨师对原料的加工技术水平以及对各档次原料的利用程度，是厨房原料成本控制的关键点。

1. 水产原料加工

（1）标准与要求

① 按厨房菜品生产质量标准执行。

② 清除污秽杂质，符合卫生要求。

③ 按用途归类原料加工。

④ 区别品种归类原料加工。

⑤ 将加工后的原料清洗干净，合理存放。

（2）作业流程

① 备齐加工的水产品，准备用具及盛器。

② 根据用途，区别品种对原料进行宰杀，整理，洗涤沥干。

③ 将加工后的原料用保鲜膜包装，贴上当天日期标签送入冷藏、冷冻库。

④ 清洁场地，清运垃圾，清理用具，妥善保管用具。

2. 蔬菜类原料加工

（1）标准与要求

① 按照厨房菜品质量标准执行。

②除尽污秽杂质和一切不可食用的部位。

③按用途区别品种加工。

④先洗后切，确保营养与卫生。

⑤加工前后归顺原料，合理放置，不受污染。

（2）作业流程

①备齐待加工的蔬菜，准备好用具及至少两个盛器。

②按菜品及烹调的具体要求，对蔬菜原料进行拣择、剥、削等初加工处理。

③将初加工的蔬菜放入容器中，加水清洗，将蔬菜从容器中捞出，放入另一容器，如此反复清洗至完全干净。沥干水分，置于相应盛器内。

④将加工后原料及时交到墩子组、冷菜组、面点组，或根据情况送入冷藏库暂存待用。

⑤清洁场地，清运垃圾，清理用具，妥善保管用具。

3. 干货原料加工

动物性干料一般较昂贵，涨发技术的要求也高，多放在炉灶组涨发，洗涤、整理好后再交给水案组。

（1）标准和要求

①按照餐厅菜品质量标准执行。

②准确鉴别、区分品种，按用途归类加工。

③除尽污秽杂质，确保卫生要求。

④涨发率合理，洗涤干净，放置合理。

（2）作业流程

①备好待加工的原料，准备好用具及盛器。

②按菜品及烹调的具体要求，区别品种，采用正确的涨发方法，对原料进行加工处理。

③洗涤、整理好原料，置于有水的盛器中。

④将加工后原料及时交给墩子组。

⑤清洁场地，清运垃圾，清理用具，妥善保管用具。

4. 墩子组加工

墩子组的主要工作是将水案组加工处理的原料及时分档、整理、切割、配制及存放。

（1）标准和要求

① 按照厨房菜品质量标准执行。

② 按用途区别品种、确定规格、分档切割。

③ 避免原料被污染，确保卫生要求。

④ 加工前后归顺原料，合理存放。

（2）作业流程

① 清点冷藏、冷冻库存货。

② 将从冷藏、冷冻库取出的原料拆除包装，将全部包装物扔入垃圾桶。准备好用具和盛器。

③ 按菜品及烹调具体要求，区别品种，按照成型规格标准进行分档切割。

④ 督导水案组加工质量，对不合格的原料，严禁进入正常切割工序。

⑤ 将分档、切割的原料，归类存放，以备配份时使用。

⑥ 清洁场地，清运垃圾，清理刀具、菜墩等用具，妥善保管用具。

第二节　烹调作业区域生产流程

厨房烹调作业区是厨房生产运作的重要区域，包括热菜配菜，热菜烹调，冷菜制作与装盘，面点制作与熟制四部分。此区域为产品生产区域，其生产流程不仅决定产品的色、香、味、形，同时对厨房经营目标的实现也具有重要意义。

■■■● 一　热菜配菜

热菜配菜是指专门为热菜烹调进行原料配伍的工序。该工序的工作规范决定着厨房产品的规格和分量，同时也是厨房成本控制的关键环节。

1. 标准与要求

（1）按照标准菜谱配制。

（2）将菜肴的各种配料按规格、分品种分别放置。

（3）菜肴的各种配料要准确计量。

（4）调整并理清不同就餐位的菜肴出品，确保及时供应菜肴。

（5）接受零点订单后 3 分钟内配出菜肴，筵席订单菜肴提前 20 分钟配齐。

（6）确保所配菜肴的卫生，并归顺。

2. 作业流程

（1）餐厅经营前按标准菜谱配份。

（2）根据标准菜谱的质量要求，将切割后需要熟处理的原料或经涨发需再处理的原料，交给红案炉灶组加工处理。

（3）根据菜肴的质量要求和经营情况，备齐所需的餐具、用具。

（4）将需要预先加工制作的菜肴，按照菜肴的质量要求，配齐主料、辅料、相关调料，交给红案炉灶组烹制。

（5）清点即将开餐前所有必备的原料，清洁整理工作区域。

（6）督导墩子组和水案组的切割、加工质量，对不合格的切割、加工原料拒绝配份。

▶️▶️二 热菜烹调

热菜烹调是使食品原料由生制熟的工序。该工序的工作标准决定了厨房热菜的内在品质与外在形象。

1. 标准与要求

（1）产品按照标准菜谱质量要求执行。

（2）使用标准菜谱规定的调味品，按标准菜谱的味型标准准确调味。避免调味品互相交叉污染。

（3）根据标准菜谱的质感要求，选择标准菜谱规定的烹制方法、火力、时间烹制菜肴。

（4）归顺炊具、用具、调味缸等炉灶使用品，以及烹制加工的成品和半成品。

（5）接受配份菜肴后要及时烹制出品，并按饮食规律、零点及席桌的特点，合理调整出品的顺序。

（6）确保菜肴装盘的质量和烹制过程的卫生，勤洗锅，勤换锅。

2. 作业流程

（1）开餐经营前

① 根据标准菜谱要求，备齐开餐中所需的调味品，将调味缸整理、清洁、归顺。

② 清点烹制时的工具、用具，将其清洁、整理、归顺。

③ 开启排油烟罩，点燃炉火，使之处于工作状态。

④ 加工制备经营时需用的汤料、调味汁，各类浆、糊。

⑤ 根据标准菜谱要求，对不同性质的原料进行初步处理，如焯水、水煮、过油、汽蒸、走红等处理。

⑥ 根据标准菜谱要求以及经营需要，对部分菜肴提前加工烹制，并合理放置。

⑦ 做好经营前的一切安排。

（2）开餐经营过程中

① 接受顾客订单后，将已配菜肴，并按标准菜谱质量标准，准确调味，控制好火候，按规程在相应时间范围内烹制出品。

② 将提前烹制的菜肴，按标准分份，并按标准菜谱要求装盘。

③ 督导配份的质量，对不合格的配份菜肴拒绝烹制出品。

④ 根据饮食规律，就餐形式及特点，调整好菜肴出品顺序和节奏。

⑤ 开餐结束，将可再次使用的半成品放入冰箱，关闭炉火，擦洗炉灶、工具，清洁整理工作区域，并将工具、用具合理放置。

■■■三 热菜装盘

热菜装盘又称打荷，是指对热菜进行装盘同时完成形象造型的工序。该工序是厨房生产不可或缺的工序，它决定了菜肴的外在形象。

1. 标准与要求

（1）装盘按照标准菜谱标准执行。

（2）按标准菜谱要求配备相应的餐具、用具。

（3）按标准菜谱要求切割、配备相应的装饰原料。

（4）按标准菜谱要求为炉灶厨师搞好相关配备。

（5）按饮食规律、零点及席桌的特点，调整、理顺菜肴出品顺序。

（6）归顺待使用的餐具、用具及装饰原料。

（7）确保菜肴装盘质量和卫生。

（8）高雅大方地烘托菜品。严禁饰物与菜肴混淆，严禁用色素浸染饰物。

2. 作业流程

（1）开餐经营前

① 根据标准菜谱要求，协助炉灶厨师备齐所需的调味品，将调味缸整理、清洁、归顺。

② 清点烹制时必备的工具、用具，以及经营所需的餐具，将其清洁、整理、归顺。

③ 为炉灶厨师备好制汤原料，协助做好吊汤工作。

④ 协助炉灶厨师调制浆、糊，并对相关菜肴进行上浆、挂糊处理。

⑤ 备好装饰原材料，准备好工具和盛器，按标准菜谱要求，雕刻、切割相关装饰原料。将原料备足待用，并确保卫生。

⑥ 做好经营前的一切工作。清理、保管雕刻刀具、用具，清运垃圾，清洁整理工作区域。

（2）开餐经营过程中

① 接受顾客订单后，及时为炉灶厨师提供相关菜肴所需的浆或糊，同时为炉灶厨师补给相关的用品。

② 协助炉灶厨师做好菜肴的分份、装盘工作。

③ 将已烹制的菜肴按标准菜谱要求迅速进行点缀、围边、装摆，再次确保盘内外以及饰物的清洁卫生。

④ 经营中随时清点饰物的品种数量是否齐备，及时增补。

⑤ 协助墩子组搞好配份工作，并按菜单进入厨房的先后顺序，根据菜肴的制作特点，调整、理顺、安排菜肴的烹制顺序。

⑥ 开餐结束后，清理、保管雕刻工具、用具，清洁整理工作区域，协助炉灶厨师搞好剩余菜肴及调味品的保管。

■四■ 冷菜制作与装配

1. 标准与要求

（1）产品按照标准菜谱质量标准制作。

（2）根据标准菜谱要求，按用途、规格对初加工原料分档、切割。

（3）将组合菜肴的各种配料按规格、品种分别放置。

（4）按照标准菜谱要求准备调味品并准确调味，避免调味品相互交叉串味。

（5）根据标准菜谱规定的烹制方法和对菜肴的质感要求，准确运用火力、掌握时间，保证菜肴的成菜火候。

（6）切割时，严格遵守"生墩"用于切生原料，"熟墩"用于切成熟、成品原料的原则。

（7）确保菜肴装盘质量和各个环节的卫生。

（8）接受顾客订单后要及时装盘出品，并按标准菜谱准确计量。

（9）归顺加工过程中使用的用具、工具。提前烹制、备齐经营所需菜品，并妥善保管经营剩余菜品。

2. 作业流程

（1）开餐经营前

① 清点冷藏、冷冻库；拆除原料的全部包装；准备好用具和盛器。

② 按标准菜谱要求，区别品种进行分档、切割、码味或使用墩子组分档、切割、归类的原料进行再加工。

③ 督导水案组加工质量，不合格原料严禁进入正常切割工序。

④ 按照标准菜谱质量要求，配齐主料、辅料、相关调料。准确调味，控制好火候，按既定规程烹制成品。

⑤ 备好装饰原材料。准备好工具、盛器及雕刻、切割相关装饰原料，确保卫生。

⑥ 清点经营中所需的餐具、用具，并将其清洁、整理、归顺。

⑦ 调制好经营菜肴必需的调味汁，保证足够的供应量。

⑧ 根据经营情况，将成品按一定的准备量，预先装盘备好。属淋汁、拌味的菜肴经营前不得淋汁、拌味。

⑨ 清洁、整理工作区域。

（2）开餐经营过程中

① 接受顾客订单后，迅速将已烹制好的菜肴装盘或切割后装饰出品。对已装盘、装饰的菜肴直接出品，并准确计量，严格按订单数量发货。

② 对上述菜肴需淋汁、拌味的，在及时处理后再装盘、装饰出品。

③ 经营中随时清点所备菜肴及饰物，以便及时准备或告之传菜部沽清菜肴。

④ 开餐结束后，将经营剩余菜品、调味汁妥善保管，保证质量以备利用。

⑤ 清洁工具、用具，清运垃圾，清理工作区域，清点冷藏柜。

五 面点制作与熟制

白案作业与冷菜组作业方式相近，都是相对独立的工种。根据工种的特点，白案工作宜采取与其他工种不同的管理方式。

1. 标准与要求

（1）成品制作按照标准菜谱质量标准执行。

（2）将构成点心的各种配料按规格、配制标准，分品种分别放置。

（3）按标准菜谱要求对馅料、臊子准备调味，并避免调味品互相交叉污染。

（4）根据标准菜谱规定的熟制方法和对点心的质感要求，准确运用火力，掌握时间，保证点心的成品火候。

（5）根据标准菜谱确定点心的单位大小，确保规格质量统一。

（6）清点、归顺加工过程中使用的原料、餐具、工具，确保以上原料及用品清洁卫生。

（7）需在经营前制备的点心，必须提前完成。接受顾客订单后要及时烹制、装盘出品。

（8）合理掌握点心出品时间，调整好同一就餐位点心出品的时间间隔。

2. 作业流程

（1）开餐经营前

① 清点冷藏、冷冻库；检查所用设备的卫生及安全情况。

② 将墩子组分档、切割、归类的肉禽类原料拆除全部外包装，化冻后进行馅料的切割加工。

③ 按标准菜谱要求对制馅原料进行分档、切割、入味处理，制作臊子。

④ 面袋的拆线方法：将面袋封口的一侧向上，用剪刀剪去无封口纸一侧的线头，一手捏住红色线头，一手捏住白色线头，双手同时轻轻拉开线头，把封口线及封口纸扔进垃圾箱。将面粉倒入面桶，抖净面袋，将面袋收在指定处。

⑤ 按标准菜谱要求配齐相关面坯原料，加工各类面团；准备计量；利用包、裹、卷等手法制成半成品或成品，合理放置。

⑥ 根据标准菜谱要求，对半成品进行煎、煮、蒸等方式的熟制处理，备足待用，合理放置。

⑦ 备好装饰物（如纸、垫、篓、糖粉、脂烟糖、朱古彩粒等）。清点必需的餐具、用具，并将其清洁、整理、归顺。

⑧ 清理、清洁工作区域，清运垃圾。

（2）开餐经营过程中

① 接受顾客订单后，根据热菜走菜节奏或顾客需要，将已烹制好的点心装盘、装饰出品，并严格按订单数量发货，并确保成品的温度适宜。

② 接受顾客订单后，根据热菜走菜节奏或顾客需要将待烹制的点心及时制熟，装盘、装饰出品。制熟手段要按标准菜谱标准进行。严格按订单数量发货。

③ 经营中随时清点所备点心及饰物，以便及时准备或告之传菜员沽清点心品种。

④ 开餐结束后，将剩余点心放入点心柜，剩余可用馅料、面坯用保鲜膜封好放入冰箱冷藏，需要冷冻的原料、成品放入冷冻柜。

⑤ 清运垃圾，清洁工具、设备，清理工作区域，清点冷藏、冷冻柜。

第三节　备餐洗涤区域工作流程

备餐洗涤区域的工作已进入厨房生产运作的尾声，但其工作流程对保证厨房产品质量，确保食品安全具有重要意义。

备餐间

备餐间工作流程是厨房生产的终点，是前台服务的起点，是厨房生产与前厅销售的衔接点。备餐间的工作流程既涵盖厨房产品的最终调味与美化，也包括餐厅服务全过程的物质准备。

1. 标准与要求

（1）按照标准菜谱要求准备齐相应的佐料和调料。

（2）辅助、补充使用的佐料、调料与相应的菜品要对应，节奏吻合。

（3）按照厨房菜品食用的需要配套提供相应的进食用具。

（4）在用餐过程中要适时、及时地提供给客人所需要的佐料、调料、辅助进食用具、小型的炊厨用具。

（5）要做到备餐间内的所有佐料、调料、辅助进食用具、小型的炊厨用具以及环境等清洁卫生。

（6）备餐间内的所有佐料、调料、辅助进食用具、小型的炊厨用具等物品要分类有序摆放。

（7）与厨房及时沟通和联系，控制好菜品烹制的次序和节奏。

（8）集散菜品销售过程中的信息，并将相关信息及时、准确无误地反馈到相关部门。

（9）要保存好相应的物品。

2. 作业流程

（1）检查有关设备的运转状况是否正常，如开水器、制冰机、消毒柜等。

（2）了解当餐的预订情况和厨房菜品的安排情况。

（3）在开餐前先整理、清点、检查相应的佐料、调料、辅助进食用具、小型的炊厨用具等，需要补充的及时添加。

（4）按照菜单中菜品上菜的基本规律协调上菜顺序。

（5）按序、及时、准确地提供客人所需要或菜品本身应该附带的佐料、调料、辅助进食用具、小型的炊厨用具等物品。

（6）每走完一道菜品在相应的菜单中（包括零点菜单、宴会菜单、和菜菜单等）进行标注，以防出品遗漏或上错餐厅（或餐桌）。

（7）根据客人就餐的速度和客人的特殊需要协调厨房控制、把握好上菜节奏。

（8）将收集到的前厅客人用餐过程中的相关信息及时而准确地反馈到相关部门。

（9）对物品、用具进行清理和整理，做到归类、有序摆放。

（10）检查物品存放是否合理（如茶叶需要密封、开胃小菜等需要冷藏保鲜），以免串味或变质。

（11）打扫清理备餐间，保持工作环境的清洁卫生。

二 洗碗间

洗碗间的工作流程既是厨房收档、前厅收台的延续，也是厨房开餐、前厅餐前准备的开始，是保证食品安全，树立优秀企业形象的工序。

1. 标准与要求

（1）按照器械设备（如全自动洗碗机、消毒柜等）的正确使用方法进行运转。

（2）要正确掌握餐具清洗、消毒的基本程序、流程和方法。

（3）依照餐具消毒的具体要求进行彻底消毒（尤其是消毒液的配比以及浸泡消毒的时间），确保餐具的清洁卫生。

（4）依照餐具清洗的具体要求进行清洗。

（5）要选择合理的方法清洗餐具，以使餐具在清洗过程中的损耗率降到最低。

（6）清洗后的餐具要归类、整齐摆放，以方便使用。

（7）清洗、消毒后的餐具要合理存放，确保干净的餐具不受污染。

（8）存放洁净餐具的架子或柜子要定期进行清洗和消毒，以确保餐具架（或餐具柜）始终处于清洁卫生状态。

（9）对破损的餐具要有相关记录（包括品名、数量、程度、原因等）。

（10）要保持洗碗间的整齐、干净。

2．作业流程

（1）检查有关设备的运转状况是否正常。

（2）备齐需要运送餐具的物品。

（3）收集需要清洗的餐具、用具；将残损餐具挑出，进行报损处理。

（4）对餐具中粘连比较牢固的污物进行刮铲处理。

（5）按要求配比清洗液的浓度，将餐具放入清洗液中清洗干净，再放入清水中冲洗干净。

（6）将洗净的餐具放入餐具箱（筐）中。对餐具进行消毒处理，尤其是消毒液的配比以及浸泡消毒的时间要控制准确。

（7）运用相应的措施对餐具进行脱水（烘干）处理。

（8）将餐具整齐、分类摆放在餐具架上（或餐具柜内）。

（9）将清洗液、消毒剂等放入指定的物品柜中。

（10）清理相关机器、设备和场所，以保持洗碗间的整齐和清洁卫生。

（11）清运垃圾。

本章案例

■案例6-1：厨房领料与储存

1. 案例综述

昨天，卫生防疫部门在抽查清湾大酒店中厨房的二级库房时，发现放在储物柜最里面的罐头已经过了保质期；经理结合最近一段时间顾客对食物质量的投诉增多的事实，要求行政总厨对此进行调查和整改，以挽回酒店的声誉。

中午开餐后，行政总厨带着各厨房厨师长进行厨房巡回检查。在中厨房的热菜间的冷冻柜中，检查组看到里面堆放着各种冷冻原料，行政总厨指着一包虾问厨师领班小杨："这是什么时候的虾？"小杨说："我一般都知道哪些是放置时间比较久的，开餐时配菜总是先把它拿出来。"总厨随手拿起冻虾，发现早已过期2个月了。总厨看到冷冻柜靠里面的几包生肉已冻在柜壁上，并且积了厚厚的一层霜，只有靠柜门的几包肉是活动的，便问："那几包冻在板壁上的肉是什么时候放进去的？"小杨不好意思地回答："大概好久了吧。"

2. 基本问题

（1）分析二级库房食品过期的原因。

（2）厨房的冷冻柜储存食品原料存在哪些问题？

（3）如何控制和保证食品原料安全储存？

3. 案例分析与解决方案

（1）二级库房食品过期的原因

二级库房食品过期的原因与原料的申领及库房清理有关。首先，厨房申领原料的流程，应该是厨师长（或领班）要先了解当日的订单，估计当天所有菜品各自的生产量。然后对厨房内的原料（包括成品、半成品）进行粗略盘点，再对厨房内的二级库房进行粗略盘点，确定领料数量。也就是说，申领原料不仅要考虑生产需要数量，还要考虑已有库存。其次，清理仓库的程序要求是，在库房清理时，要先将原料全部拿出，并逐一检查原料是否过期，散装原料是否变质。

上述厨房管理的两个流程，显然该厨房没有做到。

（2）热菜间冷冻柜使用管理不规范

具体表现：① 储存的原料没有码放整齐。② 包装原料上没有标注入库日期。③ 冷冻柜长时间没有进行除霜清理，致使冰柜内壁及原料上存积了厚厚的冰霜，使制冷功能下降、细菌滋生并导致机器长时间运转。

（3）食品原料安全储存的方法

① 产品原料入库应按种类码放整齐。

② 根据厨房规定要定期做到冷柜定期除霜和清洗消毒。

③ 定期检查并清理过期原料。

④ 为了防止食品储存过久，应该将不同时间存入的食品分别包装好，并注明储存日期，这样可以避免食品储存过久的问题。

案例6-2：初加工的操作流程一

1. 案例综述

生意火爆的港粤大酒楼，在当天经营结束后，收到客人三张投诉单。投诉内容如下：① 喝下午茶的客人在茶点的澄面虾饺中，吃出了一片小纸屑，虽然不大，但心里别扭。② 午餐婚宴的菜肴——清炒豆苗中一粒沙子硌了客人的牙，险些出血。③ 晚餐一桌商务宴请的客人提出菜肴肉片口蘑中的蘑菇有酸味，要求退菜并对口蘑的质量提出质疑。经餐厅领班证实，客人无过错。小黄受厨师长委托，负责查找造成客人投诉的根源。

2. 基本问题

（1）结合实践分析纸屑问题出在虾饺生产中的哪一环节。

（2）结合实践分析豆苗中的沙粒，问题出在哪一生产环节。

（3）结合实践说明口蘑有酸味的原因。

3. 案例分析与解决方案

（1）虾饺中的纸屑问题应该出在大虾化冻环节

许多师傅为了使虾馅吃起来口感更脆，常常将虾放在龙头下用水冲。但是此次冲虾时，厨师没有将大虾的包装全部去除，致使大虾包装上的日期标签被水冲烂，混在虾肉中没有被发现。

（2）豆苗中的沙粒出在蔬菜清洗环节

豆苗在清洗中没有采用两个容器倒盆的方法，而是图省事只用一个容器用放水—算水的方法，因而沙粒没有算出去。

（3）口蘑酸味出在原料发放环节

口蘑已经过了保质期或者已经发生了化学变化，原料发放、领料、配菜、烹调环节均未发现。原料发放、领料、配菜厨师只要认真查看罐头的保质期，烹调厨师在烹制菜肴前闻一闻原料，此类事故即可避免。

■案例 6-3：初加工的操作流程二

1. 案例综述

王先生和宋先生来到某中餐馆就餐,他们在海鲜池前点要一条鳜鱼,要求做"清蒸鳜鱼","清蒸鳜鱼"上桌后,宋先生尝了一口,皱起眉头对王先生说:"这条鱼不是咱们要的那条活鱼,很可能是一条冻鱼。"王先生也想尝尝,可刚夹起鱼肉就发现这条鱼根本没有去内脏。

在处理投诉时，餐厅经理向他们解释，由于厨师马虎，没有对鱼的内脏进行加工处理。但是鱼是绝对新鲜的，只是火候太大，所以嚼不动。经理最后说："这样吧，餐费免了，感谢你们给我们提出的意见，我们一定努力改进。"

王先生见经理已经把责任全部揽到自己身上，而且为工作失误付出了代价，也就不再追究什么了。

2. 基本问题

（1）该厨房管理过程中哪一环节有缺陷？

（2）此案例对餐厅的经营产生什么影响？

（3）该厨房应从哪些方面重点进行管理？

3. 案例分析与解决方案

（1）厨房管理过程的缺陷

① 首先，厨房原料加工管理有问题，按照水产原料的加工与要求，鱼要除尽污秽杂物和内脏杂物。其次，按照厨房生产每道工序为上一道工序把关的原则，该厨房从切配、烹调、打荷到划单出菜，甚至连服务员走菜，各道工序都负有一定责任。

② 可能是标准菜谱编写不规范。标准菜谱应明确规定每道菜的熟制时间与火候，由于没有明确的控制标准，才会造成火候过大的缺陷。也可能标准菜谱写得很好，但是厨师没有按标准菜谱操作。这同样说明该厨房生产控制管理有缺陷。

（2）此案例对餐厅经营产生的影响

销售是厨房生产的延伸和继续。餐厅经理对本案的处理，体现出了职业的本能和灵活服务的方法。但如果为每位客人都免掉不合格产品的费用，那么企业肯定承受不起。所以，防止不合格产品出品的关键，一方面在于提高厨师的技术水平；另一方面在于不断完善加工和制作程序的管理，严格遵守标准程序中的各项规范。

（3）应从以下几个方面进行重点管理

① 厨房生产岗位责任制管理，将生产责任细化到每一个岗位。

② 菜点生产标准化管理，制定标准菜谱，使用标准衡器，确定标准时间。

③ 厨师技术培训制度管理，厨房所有员工的操作，都应该经过厨师长的培训才能独立上岗。

■案例6-4：冷菜制作与装配流程

1. 案例综述

实习生李萌跟随行政总厨检查冷菜加工间的工作，观察到以下情况。

A. 有案板和菜墩各一个。

B. 某厨师将昨天的冷菜并入新制作的冷菜中。

C. 对于浇汁的冷菜在分别装盘后即浇汁。

D. 烤里脊用烤后腿代替。

E. 所有的拼摆均采用估量法。

2. 基本问题

（1）哪些操作影响冷菜成品的品质？应如何解决？

（2）哪些操作影响冷菜的卫生？应如何解决？

（3）哪些操作影响冷菜的成本？应如何解决？

3. 案例分析与解决方案

（1）B、C、D 影响冷菜成品的品质

B 的问题是陈旧的冷菜并入新制作的冷菜中会使整体质量下降。应把陈旧的冷菜在保质期内优先卖出。

C 的问题是提前浇汁影响外形。对于浇汁的冷菜应在出菜时浇汁，以保证外观质量。

D 的问题是随意用不同档次的原材料相互代替，降低了冷菜的质量。必须按照标准菜谱质量标准执行。

（2）A、B 影响冷菜的卫生

A 的问题是只有一个案板和菜墩，无法分别加工生熟原材料，违反了严格遵守"生墩"用于切生原材料，"熟墩"用于切成熟、成品原材料的原则。

B 的问题是将陈旧的冷菜与新制的冷菜混合，这样操作极易造成交叉污染，易发生食物中毒等事故。

（3）D、E 影响冷菜的成本

D 的问题是不同品质的原材料成本不同，高品质代替低品质导致企业亏损，低品质代替高品质则使宾客吃亏，因此必须严格按照菜点标准加工制作。

E 的问题是估量法难以精确控制投料量，直接影响成本。在有条件时，尽量按标准菜谱规定的数量，用称量法准确计量。

案例 6-5：面点制作工作流程

1. 案例综述

实习生李萌跟随行政总厨检查西餐面点加工间的工作，观察到以下情况。

A. 某厨师烤制蛋糕坯，将烤箱的温度设定为 300℃。

B. 使用从加工间借来的铝盆用抽条搅拌奶油。

C. 制作苹果派时，将苹果去皮切片后，放在不锈钢盆中，准备半小时后制作馅心。

D. 上次制作的苹果派已经在冰箱中存放 36 小时。

E. 将面粉直接倒入和面机中。

F. 为了改善口感，在标准松酥面配方的基础上加大了黄油的用量比例。

2. 基本问题

（1）哪些操作影响面点成品的品质？应如何解决？

（2）哪些操作影响卫生？应如何解决？

（3）哪些操作影响面点的成本？应如何解决？

3. 案例分析与解决方案

（1）A、B、C、D、F 影响面点成品的品质

A 的问题是烤箱的温度设定错误，无论何种蛋糕坯的烤制温度都不应为 300℃，必须按照菜点标准的规定来设定温度。

B 的问题是用铝盆加工奶油会使奶油颜色劣化。因此必须使用不锈钢容器加工制作。

C 的问题是苹果去皮后在空气中极易氧化变色。将苹果去皮切片后，应马上使用。

D 的问题是苹果派已经过了保质期。保质期以外的成品不能保证质量。

F 的问题是擅自更改配方，破坏了成品的一致性，影响成品的品质。如果通过更改配方能够获得更佳的品质，应及时上报，通过验证，更改相应的菜点标准，以得到更好的成品。

（2）B、D、E 影响卫生

B 的问题是用加工间借来的容器不符合面点间的卫生要求，因此一般不使用加工间的容器，必须使用时，要经过严格消毒。

D 的问题是苹果派的保质期一般短于 36 小时。必须按照菜点标准规定的保质期储存。

E 的问题是面粉容易混入石块等杂物。在加工制作前必须过箩，以保证安全卫生。

（3）F 影响面点的成本

F 的问题是擅自改变菜点标准，必然影响成本。因此，在企业的面点制作中，必须按照菜点标准执行，不得擅自更改。

■ 本章实践练习

1. 由实践指导教师指导在校内仿真厨房进行厨房生产运作各环节的生产学习。

2. 参加企业实践学习，观察不同企业实践中各生产流程的不同点，体会并解释其差异的原因。

第七章
厨房生产控制

厨房生产控制是指厨房生产运作的各项活动均掌握在厨房管理者——厨师长的管理和影响范围内。厨房管理中具有可操作性的四种生产控制方法是：生产规划控制、生产程序控制、生产责任控制和生产关键点控制。

第一节　厨房生产规划控制

厨房生产规划是指厨房管理者根据市场需求，通过科学分析，以数学统计数据为依据，以厨师长的实践经验为依据，确定厨房产品生产数量的过程。

一　生产规划的目的

1. 加快熟制速度，及时满足供应要求

厨房产品一般不能长时间储存，但在开餐时段，厨房产品的数量、种类必须同时满足多种供应需要；同时厨房大量原料需要提前加工准备，且需要确定合理的储备数量，否则会影响菜品质量，影响供应需求。所以，厨房生产规划的首要目的是满足供应要求，加快熟制速度。

2. 掌握合理的生产量

厨房生产受当日消费量需求约束，受消费群体饮食习俗、经济状况、天气变化、年节假日等众多因素影响，预测合理的生产量是减少浪费，最大限度地增加营业额的基础。

3. 人尽其才，物尽其用

在餐饮行业，当企业规模档次确定以后，无论当天的销售量是多少，厨房的设备规模、人员数量是固定不变的。如果生产规划后滞，当天的需求大于供给，则生产应接不暇，会感到人与设备、原料不足，从而失去营销机会；反之，当供给大于消费时，又会使设备闲置，人力浪费。可见，厨房进行有目的、有计划的生产，有效地控制生产全过程，是保证产品质量，保证营业收入，最大限度发挥人、财、物效率的基础。为此，餐厅应配合厨房积极做好每日餐饮产品的销售记录，以帮助厨房进一步做好销售预测，以便对原料的采购数量和种类，产品的生产数量和种类以及工作人员的安排作出合理的决策。

二　生产预测数据的获取与整理

生产预测的基本数据依据是厨房以往的生产记录。生产记录的原始资料是经过领班或厨师长划单认可的出菜单。出菜单在当天营业结束后要集中作为统一的厨房生产原始记录信息处理。处理方法可通过餐饮管理软件进行，也可通过 MS Excel 2003 软件完成。用 MS Excel 2003 处理数据较为简单方便，如表 7-1 所示。

表7-1　厨房菜品生产原始记录

星期　一　日期　5　餐别　　　　天气				
菜肴品名	销售数量 / 份	单价 / 元	销售额 / 元	备注
23# 菜	25	88	2 200	
24# 菜	60	19	1 140	
25# 菜	35	34	850	
26# 菜	80	16	1 280	
总数	200		5 920	
客人数 / 人	140			
人均消费 / 元	42.29			

厨房菜点生产原始记录还必须注意对突发事件信息的记录，如退菜、临时加菜、客人特殊需求等信息。因为特殊信息是厨房生产预测的非确定性因素。

生产预测的非确定性因素还包括天气情况、节假日以及酒店当日或近期是否有特殊活动等。因为恶劣的天气一般会使销售额下降，但在旅游城市的著名餐馆，坏天气反而也可能使餐馆的销售量增加，因为游客很可能将品味美食的旅游项目放在不适宜出游的日子。重要的节假日、周边环境、重要政治活动、大型展会等对餐饮销售量均会有不同程度的影响。对于酒店的厨房来说，注意记录每日住店客人数，统计这些住店客人在店内餐厅就餐的比例，对于做好生产预测也十分必要。

厨房生产信息汇总有多种方法，厨师长可以根据本厨房的经营特点和营销意图，选择不同的汇总方法。

1. 按经营日期汇总

按经营日期汇总是将每日生产的原始记录按日期列出，每周或每月在一张表格上汇总一次，如表7-2 所示。

按经营日期统计的生产信息反映了该厨房服务的餐厅菜品总需求量变化的趋势，也反映了该厨房过去一周每道菜的生产销售情况。这可用于对下周、下月和次日生产量的预测，也便于对各菜品的生产数量做好计划。

此种信息汇总方法，便于汇总每一道菜的生产和销售量，了解各份菜受顾客欢迎的程度，有利于对菜单进行进一步分析和调整。

表7-2 按经营日期所作的生产记录汇总

星　　　期	一	二	三	四	五	六	日
日　　　期	5	6	7	8	9	10	11
品　　　名	销 售 份 数						
23#菜	25	23	60	63	70	82	73
24#菜	60	60	55	65	62	58	61
25#菜	35	37	22	18	15	12	16
26#菜	80	45	140	149	150	161	154
27#菜	63	63	102	98	80	85	92

续表

星　　期	一	二	三	四	五	六	日
…	…	…	…	…	…	…	…
生产总数/份	400	324	584	590	594	626	680
客人数/人	295	300	340	338	382	450	478
销售额/元	10 000	17 300	28 800	23 000	14 000	13 000	15 000
人均消费/元	33.90	57.67	84.71	68.04	36.65	28.89	31.38

2. 按一个星期中各天分别统计生产数量

按一个星期中各天分别统计生产数量是将厨房生产原始记录的数据按星期一、星期二……分别汇总，如表7-3所示。

表7-3　按星期中不同天所作的生产记录汇总

星　　期	星　期　一					星　期　二	
日　　期	5	12	19	26	小　　计	6	13
23# 菜	25	72	70	71	…		
24# 菜	60	65	58	62	…		
25# 菜	35	60	30	50	…		
26# 菜	80	155	120	140	…		
27# 菜	63						
…	…	…	…	…	…		
生产总数/份	400	392	378	413	…		
客人数/人	295	290	300	302	…		
销售额/元	10 000	9 780	10 095	9 780	…		
平均消费额/元	33.90	33.72	33.65	32.38	…		

这种信息汇总方法能够反映该厨房服务的餐厅一个星期中每一天客流量的变化情况及每一天菜肴的生产、销售模式和规律。了解和掌握每一天、每一道菜的销售数量，便于计划一个星期中各天、各菜的生产数量和人员配备。

3. 按经营时段统计汇总

对于餐厅营业时间长，在清淡和高峰时段客人的需求量波动显著的快餐厅、咖啡厅、酒吧，汇总各时段销售额和客人数显得更为重要，如表7-4所示。

表7-4　按时段销售数据统计记录

日期：5　　　　　　　　　　　　星期：一

时　　段	客　人　数/人	销　售　额/元	人均消费/元	备　　注
10:00—12:00	29	580	20	
12:00—2:00	140	4 480	32	
2:00—4:00	23	626	27.22	
4:00—6:00	12	192	16	
6:00—8:00	92	3 312	36	下雨
8:00—10:00	45	810	18	
总　　计	295	10 000	33.90	

此表为某快餐厅上午10:00到晚上10:00经营时间内累积的数据，它能帮助厨师长做好生产时间的安排及不同时间生产数量的计划，帮助管理人员确定职工工作的班次和人数的安排，同时还能显示出餐厅营业的清淡时段，便于计划清淡时段的推销活动。

4. 按各菜生产数的百分比统计汇总

进行这种统计一般以一周或一月的原始生产数据计算各菜生产的百分比，它能反映出菜品生产和销售的规律性。如果菜单上的菜点为该厨房生产的全部菜点品种，则各菜点生产百分比数据如表7-5所示。

表7-5　各菜生产百分比统计

品　名	生产份数 /（份 / 月）	占总生产量的百分比 /%
23# 菜	1 666	16.13
24# 菜	1 750	16.95
25# 菜	720	6.97
26# 菜	3 640	35.25
27# 菜	2 550	24.69
总　额	10 326	100

各菜肴生产百分比统计对每一菜肴的生产预测及其生产计划具有极大的参考价值。如果生产百分比数据是较长时间的累积值，则能预测未来菜品的生产总额，也就能预测各菜的销售量，并根据销售量作好各菜的生产计划。此外，这种信息对分析菜单上各菜是否受欢迎，决定是否继续某种菜品的生产具有很大的意义。

三　生产预测方法

生产预测是以以往厨房生产记录为基本数据，它是厨房生产菜点种类和数量的计划，是领班确定每款菜点生产份数的依据，也是采购员采购原料的依据，更是厨房安排生产人数和班次的依据。因此，生产预测是生产控制管理的重要环节。

生产预测是利用已有的生产相关数据，对未来进行的有根据的推测。厨房管理者如果能对未来的生产量作较精确的预测，就能适当地作好厨房生产和采购计划，能够每日正确地安排各种菜品的生产，避免盲目生产和采购，降低食品饮料变质和丢失的概率，杜绝浪费。生产预测包括厨房生产菜点的总量预测和每一道菜点的份数预测。

1. 菜点生产总量预测

厨房生产控制中对菜点生产的总量预测需要运用生产记录的统计数据。厨房用每个星期中各天的生产记录分别统计出各种菜点的生产量，以此为依据进行生产预测就比较容易。假如厨房要预测下周一的生产量，就要先列出上一个月中各星期一全部菜点的生产总数，然后采用加权平均法即可求出预测值。

表 7-6 列出了某厨房在九月份各星期一的全部菜品生产总数，我们以其为依据，经过

加权值平均后，得出预测日该厨房菜点生产的理论预测值。

表7-6　预测日该厨房菜点生产预测

日　　期	菜品生产总额	各生产数据的权数	加　权　值	理论预测值
5/9	400	1	400	400×1=400
12/9	392	1	392	392×1=392
19/9	378	2	756	378×2=756
26/9	413	2	826	413×2=826
3/10	419	3	1 257	419×3=1 257
合计		9	3 631	400+392+756+826+1 257
10/10				3 631÷9≈403.44=404

加权平均预测法是给予以往的生产数据以不同的权数，越晚的数据给予的权数越大，然后将加权值相加除以总权数，求出平均值。其计算公式如下：

$$N = \frac{Q_1 W_1 + Q_2 W_2 + \cdots + Q_n W_n}{W_1 + W_2 + \cdots + W_n}$$

式中：Q= 生产数据，W= 权数。

上例中的理论预测值计算如下：

$$\frac{400 \times 1 + 392 \times 1 + 378 \times 2 + 413 \times 2 + 419 \times 3}{1 + 1 + 2 + 2 + 3} \approx 403.44 = 404$$

加权平均法给予新近的数据较大的权数，这就反映了厨房菜点的生产趋势，也能消除由于偶然事件而引起数据变化因素的影响。因为越近的数据越能体现近期厨房的生产状况。

在现实厨房管理的生产预测中，许多厨师长还特别强调，凡是遇到生产预测值为小数时，通常不采用四舍五入的数学运算法则，而是一律按进位数字准备原料，以保证供应。

尽管如此，按数学公式计算出来的预测只能是理论预测值，实际工作中还要考虑季节、天气、各种重大活动等因素的影响。如果是旅游酒店中的厨房还要考虑客房出租率问题，考虑是否有会议和团队用餐，是否有其他宴会预订等因素。

厨师长在对菜点生产做预测时，要以数学方法测得的数据为基数，加上为保证菜点供应增加的保险值，再加上根据本企业经营特点和自己的工作实践经验，均衡上述几种情况，估算出的特殊情况（如前所述的生产预测的非确定性因素）增减值，从而得出菜点生产的预测值。计算公式如下：

预测值＝理论预测值＋保险值＋特殊情况增减值

在上例中，若根据气象预报下周一会下暴雨，但无其他特殊情况，厨师长根据经验估计因下雨前台销售量大概会减少50份，为保证供应，加上理论预测值10%的保险值，这样预测日下周一的菜点预测值应为

404×(1+10%)-50=394.4≈395（份）

这种预测方法十分简单，也比较实用，适合每日需要计划生产量的厨房使用。

2. 各菜点的销售份数预测

如果某预测日的菜单与以前的可比日的菜单没有大的变化，并且该日没有大的特殊餐饮活动，则可使用表7-5记录的生产数据来预测各菜点的生产份数，具体方法如下。

首先算出预计被预测日的全部菜点的理论生产总数，然后查出根据一段较长时间统计的各菜点占总生产数量的百分比。各菜点生产份数的理论预测值等于该日菜点生产理论预测总数乘以各菜点占总数的百分比即可。

各菜点生产的理论预测值＝当天菜肴生产理论预测总数 × 前期各菜点预测百分比

在上例中，被预测日10月10日的生产总数为395份，各菜点所占的百分比统计值以及各菜点的生产预测值如表7-7所示。

表7-7　10月10日各菜点生产数量预测

品　　名	占总生产量的百分比 /%	理论预测生产份数 / 份
23#菜	16.13	395×16.13%=63.87≈64
24#菜	16.95	395×16.95%=66.95≈67
25#菜	6.97	395×6.97%=27.53≈28
26#菜	35.25	395×35.25%=139.23≈140
27#菜	24.69	395×24.69%=97.52≈98
预测总量	100	397

此方法预测的菜点生产总数略大于直接算出的菜点生产预测总数，当然厨师长还可以

根据该日经营的具体情况和餐饮促销活动计划，对此预测值进行调节。

上述预测方法有本企业以前的销售统计数据作依据，具有一定的科学性，再加上厨师长对当前经营情况的判断，因此这种预测方法既简单，又具有很强的实用性。但是此方法仍然比较粗糙，在一定程度上要依赖于厨师长的经验判断。

第二节　厨房生产程序控制

厨房的生产流程主要包括加工、配份（配菜）、烹调三个程序。厨房管理就是对上述三个生产流程的生产过程进行控制。厨房生产程序控制是通过制定标准时间控制生产流程的运行，以最少的人力、财力、物力达到预期经营目标和成本标准，消除生产性浪费，控制生产损耗，形成最佳的生产秩序和流程。

标准时间研究是 19 世纪末由美国管理学家泰勒首创的一种生产控制方法。研究标准时间的目的在于定量地分析与比较两种以上作业方法的先进性；及时发现企业加工费用过高及生产水平下降的原因；及时调整企业生产中的薄弱环节；制定新产品和新工艺标准时间定额，并预定设计成本；确定产品生产计划及估算劳动成本；制定标准工时定额，确定生产水平。

标准时间研究是厨房工作研究的重要组成部分，它与动作研究不可分割，动作研究为标准时间研究提供了前提，而标准时间研究明确了厨房生产力挖潜的方向。

◗◖一　确定标准时间

标准时间是指在一定的操作条件下，通过一定的操作方法，一名达到一定熟练程度的厨师，按标准速度，并且在保证具有必要富余时间的条件下，完成操作所需要的时间。它是劳动者为完成一定生产工作任务所必需的各种劳动时间的总和，又称为定额时间。

根据工时消耗分类的原理，标准时间包括作业时间，布置工作时间，休息与生理需要时间，以及准备与结束时间。

1. 作业时间
作业时间是指厨师直接对食品原料进行加工，用于完成各个工序操作所消耗的时间。

它是标准时间的基本组成部分。

作业时间的基本特征是随每一被加工对象重复出现。在以机器设备作业为主的工序操作中，如使用切片机、绞肉机、粉碎机、搅拌机、和面机、烤箱等设备进行生产时，作业时间由基本时间和辅助时间两部分构成。而以手工作业为主的工序，如厨师对鱼的开生剞花刀、上灶逐个烹制菜肴、冷菜间制作花色拼盘等，就不再区分。

（1）基本时间。工人直接完成基本工艺加工，使劳动对象发生物理或化学变化所消耗的时间，如厨师加工、切配原料，烹调菜肴的时间等。

基本时间的特征是使加工对象的尺寸大小、形状、位置、状态、外表或内在性质发生变化所消耗的时间，它随每一被加工对象的变更而重复出现。基本时间按操作者与机器设备的结合程度，可细分为以下几种类型。

第一，机动基本时间。在工人的看管下，由机器设备自动完成工艺加工任务所消耗的时间。如搅拌机的自动搅拌时间，和面机的自动运转时间等。在机动时间内工人可实行交叉作业或多机台看管。机器设备自动化程度越高，机动时间越长，实行交叉作业或多机台看管的可能性就越大。

第二，机手并动基本时间。工人直接操纵机器设备完成工艺加工任务所消耗的时间。如面点师手动操作轧面机、切片机，手动操作走刀时间等。

第三，手动基本时间。工人依靠手工或借助简单工具完成工艺加工任务所消耗的时间。如鸡、鸭、鱼的开生、蔬菜的切配、菜肴的烹制、点心的成型时间等。

第四，装置基本时间。在工人看管下，加工对象在某种装置容器中，由设备将某种"能"（如电能、热能、水能）作用在加工对象上，使其发生某种变化所消耗的时间。如面点制品的烤制、蒸制时间，菜肴的卤制、酱制时间等。

（2）辅助时间。为保证基本工艺过程的实现而进行各种辅助性操作所消耗的时间。

辅助时间的基本特征是随每一工件重复出现。例如，原料加工时刀具的转换，机械加工工序中装卸工件、进退刀、转换刀架、开关机器等时间。按其与基本时间的相互关系，可分为交叉辅助时间和不交叉辅助时间。交叉辅助时间是不停止基本操作、不中断基本时间，同时进行辅助操作所消耗的时间。不交叉辅助时间是在中止基本操作的情况下，从事各种辅助操作所消耗的时间。前者不计入单件工序定额。辅助时间多数靠手动操作实现，在个别情况下也有机动或机手并动时间。

2. 布置工作时间

布置工作时间是指工作班内工人用于照管工作场所，使之保持正常的工作状态和良好作业环境所消耗的时间。它是定额时间的组成部分。

布置工作场所时间消耗的基本特征是随工作班次重复出现，常以占作业时间的百分比表示，并分摊到单件工序工时定额中。按其性质可分为以下两种类型。

（1）组织性布置工作场所时间。为实现正常的文明生产，采取日常性组织措施而消耗的时间。特点是出现在每个工作班的开始和结束之时，如上班后领取原料、接受任务、设备清洁保养、整理清扫作业面，下班前填写生产记录、统计报表，办理接交班手续等所需的时间。

（2）技术性布置工作场所时间。为使生产技术装备、作业环境处于正常状态采取的技术性措施所消耗的时间。特点是发生在加工过程中，如加工过程中调整工具、更换设备、刃磨刀具、清理废料、整理半成品等。

3. 休息与生理需要时间

休息与生理需要时间是指工人在工作时间内用于恢复体力和满足生理正常需要所消耗的时间。它是定额时间的组成部分。

这部分时间包括班中为消除疲劳而规定的休息时间，以及为满足工人生理上的自然需要所必需的时间，如正常休息、喝水、吸烟、擦汗、上厕所等。该项时间的长短取决于劳动强度、作业性质、工作条件等多种因素，其基本特征是随工作班次重复出现。厨房生产控制中该时间以占作业时间的百分比表示，并分摊到单件工序工时定额中。

4. 准备与结束时间

准备与结束时间是指工人为完成一批产品或一项独立生产任务，事前进行准备和事后结束工作所消耗的时间。它是定额时间的组成部分。

准备与结束时间的主要特征是随生产产品的批次重复出现，即每加工一批产品或完成一项独立的工作任务才出现一次。如炒菜一勺出二份以上时的调料、烧锅、刷锅过程，包子一次蒸制多屉的水锅注水、上屉、下屉过程。此部分时间一般按工序确定，根据生产批量大小以绝对数单独列出，或者平均分摊到该批菜点的各单件工序工时定额中。其包括接受生产任务，熟悉工艺技术资料，考虑加工方法的时间；为本批菜点调整机器设备，准备与安放工具模具时间；点收原料与交检时间；设备复位送回工具模具，填写生产记录时间；

清扫工作现场时间等。上述各项都是为一批产品或完成一项任务所消耗的时间。

厨房生产掌握了标准时间后，可以减少厨师工作中出现的体力浪费现象、人员浪费现象和工作质量不稳定现象。

确定厨师工作的标准时间，要对厨师完成每一项操作程序的动作进行分析，保留操作中必需的有效动作，去除多余的无效动作，经过培训后再确定标准时间。

二 厨师动作分析

厨房的每道工序都是由厨师若干动作组合而成，工序是否合理，往往取决于动作的安排是否合理。厨房对厨师动作进行的分析在厨房管理中被称为"厨师动作分析"。动作分析是在泰勒首创时间研究之后，逐步发展起来的一种时间研究方法，具体包括秒表测时法、工时抽样法和预定动作标准时间法三种。

厨师动作分析是对厨房某项工序进行系统研究时，借助各种现代化科学管理的工具，先分析该工序的总程序，然后再分析各个子程序，一直延伸到更细小的工作单元——动作，将不必要的动作程序去掉，从而找出厨师最佳的工作程序和方法。在此基础上用时间的尺度进行衡量、比较，说明新动作程序和新操作方法的经济价值，同时根据需要确定该工作程序的标准时间，这类活动被称为动作分析。

动作分析的主要根据是动作经济原则，其目的在于减少厨师操作疲劳，增加有用的工作量，充分利用人的能量。动作经济原则是由美国的吉尔布雷思夫妇首先总结出的"人的动作法则"发展而来，这些法则由巴里斯进行了重新安排和扩充，并在其早期论文中称为"动作节约原则"。这一原则是劳动者在劳动过程中应遵守的动作行为规范。

三 动作经济原则的主要内容

1. 利用动作能原则

尽量使双手同时开始工作，同时结束工作；使双手同时间相反方向运动，或做对称的运动；动作应有一定的节奏。用力而且简单的动作，应用脚或腿代替手来完成。

2. 节约动作量原则

排除不必要的动作，动作要素越少越好；尽可能用小的动作去完成工作，材料和工具尽量放到伸手就能拿得到的地方。按照基本动作程序确定适当的放置地点（前一项程序完毕应放置下一程序所用的东西）；工作台应适合操作者工作时的要求，其高度、宽度、式样要能使操作者感觉舒适，保持良好姿势。把两个以上的工具结合为一个，从而达到减少工作量的目的；如要长时间保持对象物，则应利用保持器具。

3. 改进动作方法的原则

确定动作顺序，以便使动作有节奏地按照比较平滑的曲线运动，保证操作点的适当高度。利用惯性、重力、自然力等，尽量多利用动力设备。

第三节 厨房生产责任控制

厨房生产责任控制是指厨房管理中按每个岗位的生产运作环节，制定工作责任，实行层层监督控制。具体做法是采用厨师长总把关、部门经理总监督的方法，使责任落实到岗，奖罚落实到人。也就是说，厨房岗位责任制主要体现在生产责任上。按照厨房的生产分工，每个岗位都担任着一个方面的工作责任，每位员工必须对自己的生产质量负责。部门负责人必须对本部门的生产质量实行检查控制，并对本部门的生产问题承担责任。厨师长对本厨房产品的质量和整个厨房生产运作负责。目前在管理学界，进行责任控制比较成功的案例是 GMP 法。这种控制方法是责任控制的典范。

一 什么是 GMP

GMP（Good Manufacturing Practice）是"良好作业规范"或"优良制造标准"的缩写，是美国首创的一种保障产品质量的监控方法。

1. GMP 的基本概况

1969 年美国食品和药物管理局（FDA）针对美国假药不断出现，危及公民健康的情况，制定了药品 GMP，并于 1970 年发布实施。而为防止劣质食品的产生，确保并提高食品品质，推动食品 GMP 发展则是后来食品工业发展的结果。

GMP 要求企业从原料、人员、设施设备、生产过程、包装运输、质量控制等方面，按国家法规达到卫生质量要求形成一套可操作的作业规范，帮助企业改善生产环境，及时发现生产过程中存在的问题并加以改善。GMP 标准规定了食品在加工、储藏和分配等各个工序中所要求的操作、管理和责任控制规范。

2. GMP 工作规范重点

GMP 工作规范的重点主要表现在双重检验制度上，即首先通过自检，使企业达到良好操作规范的标准，并主动申报成为 GMP 企业；其次，在被批准为 GMP 企业后，通过政府主管部门的不定期抽检，达到政府控制企业不断自觉执行良好操作规范的目的。

（1）自检的基本内容。企业自检申报 GMP 的基本内容和标准是确保企业食品生产过程的安全性，具体包括以下几点。

第一，生产的先决条件是安全的。先决条件包括合适的加工环境、工厂建筑、道路、行程、地表排水系统、废物处理等。

第二，生产的设施是安全的。设施包括：① 制作空间、储藏空间、冷藏空间、冷冻空间的供给；② 排风、供水、排水、排污、照明等设施；③ 合适的人员组成等。

第三，企业加工、储藏、分配操作的过程是安全的。其中包括：① 物资购买和储藏；② 机器、机器配件、配料、包装材料、添加剂、加工辅助品的使用及合理性；③ 成品仓库，运输和分配设施；④ 成品的再加工；⑤ 成品外观、包装、标签和成品保存；⑥成品申请、抽检和试验，良好的实验室操作等。

第四，企业生产过程是卫生的，生产出的食品是安全的。卫生和食品安全包括：① 特殊的储藏条件——热处理、冷藏、冷冻、脱水、化学保藏；② 清洗计划、清洗操作、污水管理、害虫控制；③ 个人卫生和操作；④ 外来物控制、残存金属检测、碎玻璃检测以及化学物质检测等。

第五，管理职责。管理职责包括提供资源、管理和监督、质量保证和技术人员；人员培训；提供卫生监督管理程序；满意程度；产品撤销等。

不同的食品制造业有各自的特点和要求，因此 GMP 所规定的只是一个基本框架，不同企业根据自己的具体情况，在这个框架的基础上制定出适合于本企业的详细的附加条款。

（2）双重检验制度。为确保良好操作规范不间断地贯彻执行，一些国家又设置了专门机构进行监督检查。在美国由食品和药物管理局采取定期检查来保证 GMP 的贯彻实施。美国农业部、美国商业部、美国疾病管理中心可随时抽查控制企业 GMP 的执行情况。美国食品和药物管理局还拥有一些高级法务人员专门负责处理与食品安全有关的各种违章事故。若发现有违章情况，则采取各种处罚手段，如将违章事故公之于众；发出通知指出偏离了哪些要求；发出违章通知书，以强硬的手段通知厂商纠正具体行为；勒令撤回在市场上销售违章生产的危害健康的食品；如果危害严重就要查封产品，禁止再出售；以禁令的法律手段禁止食品企业生产某种查封产品；对违章厂家提出刑事诉讼等。

目前，以美国为首的许多国家都将 GMP 制度用于企业的食品质量管理。实施 GMP 已是食品界的发展趋势，有了 GMP 标志，对于生产者和消费者都具有重大的意义。生产者生产优质产品，申请 GMP 认定，有了自己的品牌。当消费者买到安全性高、质量有保证的食品时，就更信赖 GMP 标志，对生产者生产的 GMP 产品有促销作用，促使生产者为提高食品品质及卫生，必须加强竞争性的自主管理。

可见，GMP 最大的特点是将食品生产的安全责任归结于生产厂商。GMP 是责任控制法的典范。

厨房各作业区厨师的岗位责任

在厨房以自觉执行"良好作业规范"为出发点，制定各作业区厨师岗位职责，使厨师在一种习惯养成的氛围中进行生产运作，使岗位职责成为每位厨师的自觉行动。GMP 是厨房生产责任控制的目标。

1. 加工区厨师的岗位职责

（1）接受领班的工作指令，接受当天的工作任务。

（2）根据领料单按领料手续领料。

（3）根据菜肴加工规格、标准和要求，分类加工，对易腐败原料进行及时加工和保藏。

（4）及时将加工好的原料按规定存放。

（5）综合利用原料，做好次级原料的处理。

（6）及时做好地面、工作台、水池、货架、各种用具、盛器的清洁卫生。

2. 切配厨师的岗位职责

（1）接受切配领班的工作指令，接受当天的工作任务。

（2）按规定的着装上班，保持个人清洁卫生和仪表仪容端庄。

（3）根据领班下达的生产任务，按手续领取原料，按照菜肴的规格质量要求，进行原料的精细加工处理和合理配份，并且要注意下脚料的使用，提高原料的使用率，降低原料的成本开支。

（4）开餐过程中，严格按标准菜谱配菜，按顺序交给炉灶组进行烹制，同时负责收集好菜肴销售凭证。

（5）开餐结束后，妥善保存剩余的原料和成品，并做好卫生清扫。如砧板的刷洗、刀具的磨擦，工作台、冰箱的整理和清洁，水池和地面的冲洗等。

（6）如发现下列情况应及时向领班报告。

① 所需原料短缺或原料的质量不符合要求。

② 初步加工不符合质量要求。

③ 所用设备有异常现象。

④ 工具和盛器损坏不能使用。

3. 炉灶厨师岗位职责

（1）接受领班的工作指令。

（2）按手续领取原料，做好开餐前的各项准备工作。具体包括以下各项。

① 清洁灶面，擦洗炉口、灶面。

② 将炉灶上的用具、炊具等洗刷干净。

③ 将炉灶上所需用的工具放置到固定位置。

④ 调料罐要清洗，有些隔夜液体调料要过滤，并添足后放到固定的位置上。

⑤ 点燃长明火。

⑥ 根据烹调需要，配置有关卤汁和复合调味汁。

⑦ 将需要预先烹制的菜肴上火烹制或进行初步熟处理，进行各种鲜汤的调制。

（3）开餐中要思想集中，坚守岗位，严格按标准菜谱操作规程和菜肴规格标准烹制菜肴，不能擅自离岗，不能拒绝任何菜肴的烹制。按菜肴的规格要求进行烹制，保证上菜速度。

（4）开餐结束后，做好以下各项收尾工作。

① 清洁灶面。

② 将炉灶作业区剩余的菜肴交配菜组收存。

③ 关闭能源阀门（煤气阀门、电源开关、自来水龙头等）。

（5）在操作中如发现下列问题应汇报领班。

① 炉灶发生故障，排风扇有异常响声。

② 炉灶上用具缺乏，不能满足生产需要。

③ 配菜的数量和质量不符合标准菜谱规范，如原料变质、变味、变色，刀工成型不符合要求，数量与盛器不符等。

4. 冷菜厨师的岗位职责

（1）接受领班的工作指令。

（2）负责对冷菜间进行清扫，做到生熟分开，刀、砧板、盛器每天进行消毒处理。

（3）按照标准菜谱制作各种冷菜、卤汁、小料。

（4）根据标准菜谱要求进行切配与装盘，按时提供给餐厅。

（5）开餐后及时将剩余冷菜放入冰箱，处理不能过夜的冷菜。

（6）及时整理厨房作业面，离开前关闭门窗、电灯，开启紫外线灯对冷菜间进行消毒。

5. 烧烤厨师的岗位职责

（1）接受冷菜领班的工作指令，接受工作安排。

（2）按领料单领取所用原料。

（3）准备各种烤制用具。负责烧烤间的清洁卫生。

（4）按照标准菜谱要求调制各种烧烤卤汁，并注意保存。

（5）按照标准菜谱要求制作烧烤类菜肴，并将烧烤后的菜肴交冷菜组进行切配。

（6）空余时间帮助冷菜间做好其他各项工作。

（7）了解第二天的客情，将第二天所需要烧烤的原料提前进行加工和腌制。

6. 面点厨师的岗位职责

（1）服从领班的工作指令，接受领班布置的各项工作。

（2）根据生产任务，按手续领取所需原料。

（3）按标准菜谱的操作规程制作面点成品，在保证质量的前提下，按时出品。

（4）负责面点厨房内各种设备和用具的安全使用和卫生。

（5）负责工作结束后原料的收存，成品的保管，能源的关闭。

（6）开餐时，根据取菜单向餐厅及时、准确地提供各种成品。

（7）开餐结束后，将剩余的成品或半成品及时收存，防止变质和损耗。

第四节　厨房生产关键点控制

厨房生产关键点控制是指管理者对厨房所有容易出现问题的环节进行重点管理、重点检查、重点控制。随着控制点的不断转移和变化，逐步消灭厨房生产薄弱环节，不断规范生产秩序，不断向新的、更高的标准迈进。目前关键控制点管理是较为流行，也较为有效的管理方法，其最大的特点是将对产品质量的终检验转变为过程控制。

什么是 HACCP

HACCP（Hazard Analysis and Critical Control Point）是"危害分析的临界控制点"的缩写，是由食品的危害分析和关键控制点两部分组成的一个系统的管理控制方式。对于厨房管理来说，HACCP 包括了从采购、验收、储藏、准备、烹调、冷却、重新加热、食品展示、运送（划单走菜、客房送餐）到清洁的整个厨房生产运作过程的危害控制。这一控制预防体系，通过对厨房生产运作的每一步进行监视和控制，降低了厨房危害发生的概率。

1. HACCP 概况

HACCP 始于 20 世纪 60 年代，美国宇航局在人造空间计划的微生物安全系统中，为确保宇航员的食品安全，用"零缺陷"概念控制宇航员的食物卫生质量。在当时的条件下，大多数食品安全和质量系统的保障都依赖于终产品的检验，但这种检验不能完全确保食品质量安全。因此要寻找一种能提供食品安全评价高水平的保护系统，这就诞生了 HACCP。

1971 年，美国正式发表了应用 HACCP 的报道。20 世纪 80 年代以来，WHO 和 FAO 都在积极向发展中国家推广 HACCP 系统。美国国家食品微生物标准顾问委员会将 HACCP 从微生物危险评价扩展到潜在的化学和物理危害分析上，形成微生物、化学和物理三方面食品危害相结合的危害分析，为食品安全性评价和管理提供了一个强有力的工具，并且为 HACCP 系统直接应用于商业饮食操作中和确保食品安全提供了蓝图。

HACCP 本身是一个真正的逻辑性控制、评价系统，执行 HACCP 系统需要一定的专业技能水平，这种技能是对食品从原料、加工到消费全过程可能出现问题的各种因素的完整理解，要能找出食品生产操作中的危害，并预先提出控制的方法。

2. HACCP 系统的实施步骤

1992 年美国国家食品微生物标准顾问委员会提出，1993 年食品法典委员会完善，正式确立了 HACCP 的七个实施步骤，如图 7-1 所示。现以厨房生产管理为对象，将具体内容综述如下。

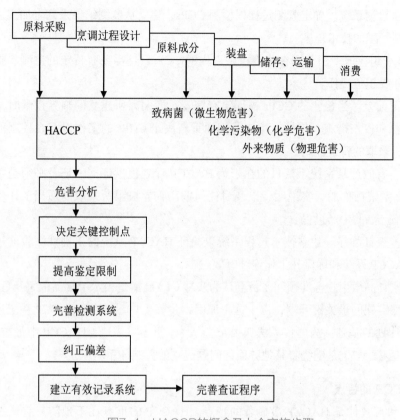

图7-1　HACCP的概念及七个实施步骤

（1）引出一个危害分析。由厨房管理层（厨师长、领班等）组成 HACCP 小组，通过对厨房生产运作全过程的分析，找出厨房生产中最容易出现过失的环节，并对其危害和危险提出预防控制措施。

厨房生产全过程包括对食品原料的采购、验收、保管、领料、加工、切配、烹调、装盘、传菜直到消费者消费的一系列过程。HACCP 小组必须证实所有预防保护措施是必要的。

（2）决定关键控制点。当所有危害和保护措施方法确定后，HACCP 小组就要指出对厨房生产运作中造成过失的控制点，即厨房生产运作管理的关键控制点 CCPs。

（3）提高鉴定限制。由于厨房生产有别于其他工业生产，因此要建立和确定厨房每一个 CCPs 相对应的临界极限，即确定判断标准。阐述在 CCPs 上安全与不安全产品的区别，必须涉及一个可衡量的参数，并要知道 CCPs 的绝对允许值,即关键控制点相对应的临界极限。

（4）完善检测系统。确定监测过程以检测 CCPs，建立从监测结果来判定加工过程的管理和维持控制管理的技术程序。

HACCP 小组应该专门监测在临界极限以内的 CCPs，这需要有特定的监测步骤，进行经常性监测并要担负责任。

（5）纠正偏差。当检测的 CCPs 被证实有偏差，即偏离所建立的临界权限时，需要采取准确的补救和校正措施，包括在控制范围内重新决定 CCPs 的工作以及在控制范围之外对产品加工所采取的管理控制。

（6）建立有效记录系统。其目的在于为 HACCP 计划提供证据。记录必须是在管理控制下 HACCP 系统操作的如实说明，以及对任何偏离临界极限所采取的适当工作步骤，以阐明安全合格产品的生产过程。

（7）完善查证程序。建立技术过程系统以验证 HACCP 系统的正确性。验证过程必须基于维持 HACCP 系统和确保其工作连续有效。

美国国家食品微生物标准顾问委员会认为步骤（1）已清楚表示了食品危害及危险评价，它是其他步骤实施的最关键开端，由于这个原因，步骤（1）是使用 HACCP 系统进行食品安全评价和计划的基础。法国食品法典委员会认为，步骤（3）是 HACCP 中最重要部分，步骤（6）和步骤（7）是围绕着其他方面的问题建立的控制体系。

3. HACCP 的特点

预防性和有效性是 HACCP 最显著的特点。HACCP 的重点在于预防，它通过不断的自我检验防止有害物质进入食品，使食品生产或供应厂商将工作的重点从以产品的最终检验（合格或不合格）为标准的产品控制观念中，转变到在生产环境中鉴别并控制食品中潜在危害（预防不合格）的预防性措施上，它为食品生产者提供了一个比传统的"终检验"更为科学合理、有效易行的食品安全监控方法。

▶■■二 标准烹饪设备控制

◆ 标准衡器控制

标准衡器控制是指在厨房生产操作中用符合国家标准的计量衡器称量配料与调料。标准衡器的使用是厨房标准化生产的基础，是控制厨房成本、菜点质量的关键点。例如，标准菜谱中对配料、调料的描述采用 5 克、10 克等计量单位，要求厨师在实际操作过程中使用称重的方法来称量调料是极不现实的，结果导致厨师只能凭经验取用非常不精确的量。因此使用标准衡器是实现关键点控制的第一步。

1. 使用标准秤

秤是厨房经常使用的称量衡器，通常有盘秤、杆秤和电子秤。厨房生产中一般根据称量物品数量的多少使用不同的秤。但无论使用哪一种秤，其刻度单位均应采用我国统一的计量单位（标准千克或克）。

为保证各种秤称量时的准确性，盘秤、杆秤平时应注意对秤砣的保护，使用前应调准零点。电子秤由计算机控制，因而要置于干燥、平稳的操作台上。这种衡器量度精确，操作简便，提倡在厨房中使用。

2. 使用标准量杯

（1）量杯。量杯是厨房使用的一种容器，一般由玻璃或塑料制成，用来量取厨房生产中常规用量的原料，如面粉、糖、水、汤、油等。通常一量杯的容积为250ml，量杯上有5个刻度，分别是50ml、100ml、150ml、200ml、250ml。量杯的容积与原料质量间的对应关系为：面粉一杯 =113g，白糖一杯 =226g，植物油一杯 =226g，水一杯 =250g。

（2）换算量杯。换算量杯是厨房使用的能够将多种制式的容积和质量与公制进行比较的一种容器。

由于餐饮交流的国际化，各国的烹调技术、菜点配方也纷纷进入我国，但各国都有自己的计量单位，法式菜点大多使用磅秤，以磅和盎司作单位；英国使用加仑和夸脱作单位的较多；美国与英国在重量单位计量上有区别且不同于公制，另外还有以打兰和格令为单位的菜点配方。为了简化换算，人们在一个量杯的表面刻上不同制式的刻度与公制对应，以保证配方的准确。

3. 使用标准勺

餐匙和茶匙也可以作为厨房生产标准衡器控制的部分。当厨师进行单个菜肴生产时，调味料的用量一般较少，用手勺凭感觉调味，使菜肴口味发生差异的概率升高，因此使用标准餐勺或茶勺进行标准控制就很有必要。

餐勺和茶勺的规格不同，一次量取调料的数量也不相同，目前国内厨具市场中有整套的餐勺和茶勺容器出售，厨师在第一次使用餐勺或茶勺前，应先分别量取不同调味料进行称量，以确定一勺的标准数量。

◆ **标准设备控制**

在关键控制点的管理思想指导下，为解决烹调过程中最难以控制的温度、时间两个关键点，近些年不断有新的机械设备进入烹饪领域。

1. 真空包装机

真空烹饪是利用双真空室包装机将食品原料经低温加热成熟的一种烹调技术。它源自于法语，意即 Under Vacuum，是一种利用较低温度长时间加热的烹饪方法。真空烹调能使食物均匀受热并烹制出原料的最佳食用效果，尤其是肉类制品。真空烹饪的优点是：真空包装后的食物经烹调不仅可保持原汁原味及原有的营养成分，且将烹调温度和时间这两个难以控制的重要烹调因素变为可控。

真空低温烹饪方法是由 Georges Pralus 于 20 世纪 70 年代中期为法国的 Restaurant Troisgros 餐厅所开发。真空低温烹饪将温度、时间与食物的口味、质感、色泽、香气、营养、卫生的关系有机组合，形成规范、可控的烹调方式。

真空低温烹饪的基本方法是：将食物真空包装至可用于烹饪的塑料袋内；将整个袋子放入热水中以低温进行烹制（如烹饪肉类的水温通常为 60℃），烹饪温度及烹饪时间根据菜品的不同要求，由厨师通过机器按钮设定。真空低温烹饪的可控对厨房生产管理带来的优势体现在以下几点。

（1）经济适用。在可控的食品保存时间内，可以有计划地进行统一采购，减少食物的自然损耗，优化配置存储空间（如冰箱、存储架）等，增加食物的保质期（原材料及烹饪好的半成品），合理调节人力资源及电力等能源的使用，优化厨房设计，减少各类炊具的使用，从而节省清洁时间、用品及人力。

（2）提升菜品质量。有效控制食品存储过程中与氧气的结合，防止霉变，延长保存期。有效保持食物的原始风味，在存储及烹饪过程中，食品的营养成分不会流失。有效保持食物的色泽鲜艳，隔除空气对物品的氧化作用。这是一种创新的烹调方式，大量减少烹调过程中油、盐等调味料的使用，有利于人体健康。

（3）提升服务质量。提升菜谱的丰富性，更多地提供新鲜的当季菜品，保持菜品的同构型，缩短顾客点菜后的等待时间，全面提高餐厅管理质量，最终达到使客户满意而归的效果。

（4）高效管理。更好地组织菜品搭配（原料、半成品、成品），更好地安排菜品采购，更好地对厨师进行生产控制。

真空包装袋由高质量食品包装材料制成，不含 BPA，100% 可回收。可根据客户要求设计方案，量身定制。真空包装机可实现 99% 真空效果，并有效解决流体及脂肪等物品的真空包装需要。经原料准备，真空包装，低温烹调，即可直接食用，也可冷藏储存后再食用。食用前既可自行蘸味汁，也可上火稍烹调味。

2. 低温烹调机

低温烹调机以生产安全食品为目的，针对不同烹饪原料设计食物核心温度、烹调水温、烹调时间及延时控制程序的烹饪机械。其主要功能是可以长时间控制烹调温度（如长时间水温保持 65℃），从而达到烹调效果。低温烹调机可将温度恒定在 25℃ ~ 99℃之间，控制误差在 1℃以内，温度可调范围能够精确到小数点后 1 ~ 2 位。低温烹调机的默认模式有：低温长时巴氏消毒，高温瞬时巴氏消毒，中温巴氏消毒，大量加工处理红肉半成品，焯水并保持蔬菜脆嫩等。使用低温烹调机应注意以下几点。

（1）食物在烹调前要适当清洗。

（2）避免高温煎、炒、炸及烘烤，以减少毒素生成。

（3）选择结果稳定且富含营养的橄榄油。

（4）油脂不在烹调中加入而在烹调后加入。

（5）避免添加味精等人工调味剂。

◄◼► 三 标准菜谱控制

标准菜谱是以菜谱的形式，列出产品的用料配方，规定产品的制作程序，明确成品的装盘形式和盛器规格，指明菜点的质量标准和该份菜点的可用餐人数以及其成本、毛利率和售价。制定标准菜谱是保证厨房生产正常运行的关键点，其目的是统一厨房生产标准，规范菜点生产程序，保证菜点质量稳定。其次可以节省生产时间和精力，避免食品的浪费，并有利于成本核算和控制。厨房每一道菜点都必须按照标准菜谱生产。

1. 标准菜谱的基本格式

表 7-8 所示是标准菜谱的样本。

表7-8　标准菜谱样本

菜名：羊肉烤包子　　　总成本：24.72元/50个
用途：宴会　　　　　　销售毛利率：80%
规格：6寸盘　　　　　售价：10元/份
菜谱号：39　　　　　　日期：2009.2
成品特点：咸鲜微辣、外酥里嫩、呈虎皮色

原料名称	数量（克）	预算成本（1）/元		预算成本（2）/元		制作程序	备注
		单价	总价	单价	总价		
面粉	500	2.00	2.00	2.00	2.00	1.面粉、油置于盆内，将水分次倒入盆中，和成面坯。反复揉至面坯滋润光滑时盖上屉布静置10分钟	
清水	250						
素油	10	6.00	0.12	6.00	0.12		
羊腿肉	600	15.00	18.00	20.00	24.00	2.羊肉、葱头分别切1厘米见方的丁和片。羊肉丁放入盛器内，加入清水20克，摔打至肉馅起黏性。反复数次。将葱头片、胡椒粉、盐加入肉馅中，再次拌匀即成	
葱头	200	2.00	0.40	1.00	0.20		
清水	100						
胡椒粉	30	5.00	0.30	5.00	0.30		
盐	20	2.00	0.40	2.00	0.40		
						3.面坯搓条、揪剂，下剂50个。用面杖擀成边缘稍薄直径8厘米的圆形皮。抹入约12克馅心包制成五边形即成生坯	
水	10					4.生坯码入烤盘，刷子蘸水在生坯表面轻轻刷水，送入烤箱	烤箱预热300℃，烤制7分钟
油	50	6.00	0.60	6.00	0.60	5.出炉后，立即在烤包表面刷一层色拉油	每4个一份装入6寸盘
合计			21.82		27.62		
标准成本		(21.82+27.62)÷2=24.72（元）			24.72÷50≈0.50（元/个）		

2. 制定标准菜谱的基本要求

（1）格式规范，文字通畅。菜谱的格式应统一规范，文字叙述应简单易懂，要使用行业约定俗成的专业术语，不普遍使用的地域性术语应尽量不用，以便于厨师阅读。

（2）原料名称确切、具体。我国烹饪所用原料种类繁多，同一种原料往往因产地不同、品种不同、上市季节不同，其口味、口感、色泽、质地等均不相同。所以菜谱中所用原料一定要写出具体名称，例如，加醋应注明是白醋还是香醋，或是陈醋，如果能写出具体的品牌则更好。如果配料因季节的原因需用替代品时，也应具体说明。

（3）重量单位统一使用公制。标准菜谱对原料的数量应有明确的规定，原料应使用切合实际的最简单的公制单位，不用"少许""适量""一勺"等模糊数据，更不应该使用地区性的重量单位。

（4）按使用顺序罗列原料。在烹调实践中，有一些原料往往需要分几次使用，凡两次以上使用的原料一定要分别列出，防止工艺过程中遗漏。例如，有些菜肴在腌酱过程中需要使用盐、料酒、淀粉，而在烹调过程中需要再次使用这些调料，此时应分别将它们列出。

（5）明确生产规格标准。生产规格指厨房生产流程中的原料加工规格、菜点配份规格和烹调规格，包括原料的形状、尺寸，各种主料、配料、调料的数量比例和烹调方法。每一种规格都应成为每个流程的工作标准。

（6）温度、时间、成熟度应具体。由于烹调的温度和时间对产品质量有直接的影响，所以应具体列出操作时的加热温度范围和时间范围，以及制作中产品达到的成熟程度。

（7）列出盛器的具体要求。餐具的尺寸及种类是影响烹饪产品成败的重要因素，它不但起美观悦目的作用，同时具有保温、提味的作用，所以标准菜谱对菜点的盛器在种类、形状、尺寸以及质地、材料上应做明确规定。

（8）说明质量标准、上菜方式。要言简意赅地说明产品的颜色、质感、口味、形状、温度等质量标准；说明菜点的上菜方式，如是否需要客前服务，菜点在盛器中是否有方向性等具体的装盘要求。

在标准菜谱中任何影响菜点质量的制作过程都要准确规定，不应留给厨师自行处理空间。标准菜谱的制定形式可以变通，但一定要有实际指导意义，因为它是一种控制工具，是厨师的工作手册。

（四）厨房成本控制

成本控制是厨房生产运作的关键点，为了便于成本控制，合理利用原料，必须对厨房生产中的加工程序、切配程序和烹调程序进行出材率的控制。

出材率是表示原材料利用程度的指标，是指原材料加工后可利用部分的质量（净重）占加工前原材料总质量（毛重）的比率。其计算公式如下

$$出材率 = \frac{加工后可用原料重}{加工前全部原料重} \times 100\%$$

出材率的类似名称很多，厨房经常使用的名称有净料率、熟品率、生料率、拆卸率、涨发率、出成率等。在厨房管理中，可以按具体加工情况适当命名，如对于苹果的去皮加工就可以用净料率来表示，牛肉因热加工成为酱牛肉，猪肉因热加工成为叉烧肉等可以用熟品率来表示。出材率具有概括性，不管加工程度如何，只对于加工前后的质量（重量）变化而言。因此，凡是表示原料加工前后质量发生变化的比率都可以统称为出材率。

厨房成本控制中还有损耗率的概念，损耗率与出材率相对应，是指原料在加工处理后损耗的原料质量与加工前原料质量的比率。计算公式如下

$$损耗率 = \frac{加工中损耗原料质量}{加工前全部原料质量} \times 100\%$$

加工后原料损耗量是加工前原料全部质量与加工后原料净重之差。用公式可表示为

加工前原料总质量 - 加工后原料损耗量 = 加工后原料净质量

出材率与损耗率有密切关系，即出材率与损耗率之和为100%，可用公式表示为

出材率 + 损耗率 = 100%

1. 加工、切配控制

厨房原料的初步加工和切配工序是生产成本的关键点，需要设置控制程序。

（1）一料一档原料加工、切配的控制。一料一档原料加工切配是指原料经过加工或切配后，只得到一档可用原料。

【例7-1】 某厨房购进苹果2 500克，经加工得苹果皮、核共450克，求该批苹果的出材率和损耗率。

加工后可用苹果质量 = 2 500-450 = 2 050（克）

$$出材率 = \frac{2\,050}{2\,500} \times 100\% = 82\%$$

$$损耗率 = \frac{450}{2\,500} \times 100\% = 18\%$$

该批苹果的出材率为82%，损耗率为18%。

又如干木耳每袋100克，经涨发共得水发木耳320克，该木耳的涨发率如下

$$涨发率 = \frac{320}{100} \times 100\% = 320\%$$

该批木耳涨发率为320%。

原料的出材率一般受其质量、规格、产地、季节和厨师加工技术水平等因素的影响，出材量的测算有时不太一样，但为了能有效控制加工切配过程中原料的有效利用，厨房应该经过反复实验，确定该原料的标准出材率。在厨房管理中，将厨师加工切配得到的实际出材量与标准出材量进行比较，可以考核厨师加工切配的技术水平，预测需要采购或准备的原料的数量，计算加工后原料的单位成本，鉴定原料品质，有效控制厨房生产中的原料损耗。

如果某厨房经过反复实验，确定用里脊肉切丝的标准出材率是90%，该厨房购进50千克里脊肉，经过厨师的加工，实际得到里脊丝41千克，就可以对该厨师的加工技术水平进行评价。

按照标准出材率计算，应得里脊丝的标准净料量为

$$净料标准重量 = 毛料重量 \times 90\%$$
$$= 50 \times 90\%$$
$$= 45（千克）$$

里脊经该厨房厨师加工后，实得里脊丝41千克，少于标准净料数量，说明厨师需要进一步加强刀工训练，同时也说明该厨房由于厨师加工技术水平因素，人为损失里脊丝4千克，这是厨房成本增加的原因之一。

通过确定标准出材率，还可以计算菜谱中各原料的净料成本金额。

（2）一料多档的加工、切配控制。厨房加工切配中，有些毛料经过加工处理后，原料根据部位不同可以分成各个档次，有的档次的原料不能利用，有的则可以另作处理，还有的可作次级原料。

计算方法是：

$$净料总值=\frac{毛料总值-其他总档价值总和（下脚料价值）}{净料重}$$

【例 7-2】 草鱼一条重 1.2 千克，每千克 15.6 元。经过宰杀，去鳞、鳃、内脏，得净鱼片 470 克，鱼头 200 克（每 500 克作价 6 元），鱼骨 300 克（每 500 克作价 1 元），计算鱼片的单位成本。

$$鱼片成本=\frac{1.2\times15.6-0.2\times6-0.3\times1}{0.47}$$

$$=\frac{18.72-1.2-0.3}{0.47}$$

$$=\frac{17.22}{0.47}$$

$$\approx36.64（元/千克）$$

$$\approx3.66（元/100 克）$$

该鱼片的成本为每 100 克 3.66 元。

一料多用的加工切配损耗同样需要经过实验来确定净料成本。其试验步骤如下。

第一，将购进的整块原料请厨师整切，将能使用的与不能使用的部分分开，能使用的再切成烹调所需的形状和大小，然后分别加以称重。

第二，将不能使用部分的重量、加工切配损失的重量和能使用的重量分别记在加工切配实验卡上。

第三，有些下脚料作价后可处理给其他部门。

第四，其他档次的原料可制作其他菜品，加以综合利用；次级原料也要确定价值。

第五，其他档次原料的价值总和为∑各档次原料重量 × 成本单价。

（3）成本系数控制。在厨房成本控制中，常常对出材率相同的原料采用成本系数法加以控制。成本系数是指同一种原料加工后的成本与加工前的成本之间的比率，它一般是一个比较固定的恒数，一般分为每千克成本系数和每份成本系数两种。用公式表示为

$$成本系数=\frac{加工后原料单位成本}{加工前原料单位成本}$$

采用成本系数法计算原料成本，是用原料的购进价格乘以成本系数，用公式表示为

加工后原料的单位成本 = 原料购进价格 × 成本系数

通过成本系数控制厨房原料的加工切配既迅速又方便，同时便于评价供货商的商品品质，便于评价厨师的加工技术水平。加工切配卡是厨房成本关键点控制的基本方法。

【例7-3】 某厨房采购鸡腿一箱，重30千克，每千克14元，加工切配后得净鸡丁24千克，鸡腿骨6千克，鸡腿骨可用于制基础汤，作价2元/千克，求该鸡丁的成本及成本系数，加工切配实验卡实例如表7-9所示。

表7-9 加工切配实验卡

原料品名：鸡腿　　　　　　级别：一级　　　　　　建卡日期：2009 年 5 月

块　　数：60　　　　　　重量：30 千克　　　　平均重量：500 克

总成本额：420 元　　　　单价：14 元 / 千克　　供应商：肉类批发公司

原料档次分类	重量/千克	占总重比例/%	每千克价值/元	总价值/元	成本		成本系数	
					价值/(元/千克)	价值/(元/份)	千克	份
毛重	30	100	14	420				
鸡腿骨	6	20	2	12				
切配损失	0.5	1.7	0	0				
净鸡丁	23.5	78.3	17.36	408	17.36	4.34	1.24	0.31
总计份额数	每份鸡丁菜肴用量为 250 克，成本系数为 1.24							

为了提高净料成本计算的精确性，加工切配实验不能只做一次，即使原料按标准采购规格由同一供货商供给，进行一次实验也是不可靠的。最好多做几块原料的实验，从得到的数据中求得平均值，作为标准净料成本。

2. 烹调过程控制

加工切配试验能帮助控制原料的每千克净料价格和每份菜的净料价格，但厨房的许多菜在加热熟制过程中重量也会发生变化，而菜肴的份额量通常是根据烹调后的重量计算的，菜点成本和价格也是根据烹调后的原料计算的。例如，烤牛肉、盐水鸭、酱牛肉、白斩鸡等都必须计算烹调后的成本，在销售时也按烹调后的成本定价。烹调过程的关键点是确定菜点的标准烹调损耗率，所以厨房还应该进行烹调损耗实验。

在烹调过程中多数烹调方法都会使原料失重，但也有些烹调方法会使原料增重；多数菜烹调后直接装盘销售，但也有些菜烹调后必须切割装盘才能销售。熟制品的切割常常必须除去一些骨头、筋、肥肉等，切割下来的骨头、肥膘往往没有价值，这些重量也应除去后才能计算净料价格。

在试验过程中烹调前后的重量，切割前后的重量应该分别标重，再将这些数据记录在烹调实验卡上，如表 7-10 所示。

【例 7-4】 某酒店购进猪前臀尖 10 千克，单价 20 元 / 千克，将其切割成 19 块，除去结缔组织后称重 9.8 千克，经腌制后入烤炉烤制，得熟品叉烧肉 5.5 千克。销售叉烧肉标准份额 200 克 / 盘，经切割后称重，叉烧肉净重为 5.2 千克，该叉烧肉的标准净料重量是多少？每份叉烧肉的成本是多少？

表7-10　烹调损耗实验

烤叉烧肉烹调损耗实验

原料名称：猪前臀尖　　　　烹调时间：30 分钟　　　　烹调温度：200℃

分割块数：1　　　　　　　烹调方法：烤　　　　　　日　　期：2009 年 3 月

单　　价：20 元 / 千克　　重　　量：10 千克

损耗类别	重量 / 千克	占总重 /%	每千克价值 /元	总价值 /元	净料成本 /元	每份额		成本系数	
						重量 / 克	成本 / 元	每千克	每份
毛料总重	10	100	20	200					
加工切配后重	9.8	98	20.4	200					
加工切配损耗量	0.2	2	—	—					
烹调后重	5.5	55	36.36	200					
烹调损耗量	4.3	43	—	—					
烹后切割损耗量	0.3	3	—	—					
可销售重量	5.2	52	38.46	200	38.46	200	7.69	1.92	0.38

加工切配折损率为

$$加工切配损耗率=\frac{毛料重-净料重}{毛料总重}\times100\%$$

$$加工切配折损率=\frac{10-9.8}{10}\times100\%=2\%$$

经过烹调后称重为 5.5 千克，切割后称量为 5.2 千克，烹调折损率和烹调后切割折损率分别用以下方法计算：

$$烹调折损率=\frac{烹调前重量-烹调后重量}{毛料总重量}\times100\%$$

$$=\frac{9.8-5.5}{10}\times100\%=43\%$$

$$烹调后切割折损率=\frac{切割前重量-切割后重量}{毛料总重量}\times100\%$$

$$=\frac{5.5-5.2}{10}\times100\%=3\%$$

若利用上述折损率作标准，可以计算从毛料中应得到的净料的标准重量。净料标准重量的计算如下：

标准净料重 = 毛料总重 × (1- 标准加工切配损耗率 - 标准烹调损耗率 - 标准烹调后
切割损耗率)

$$=10\times(1-2\%-43\%-3\%)$$

$$=10\times52\%=5.2（千克）$$

由于叉烧肉制作中没有下脚料，所以净料成本为

$$净料成本=\frac{毛料总值-下脚料总值}{净料重量}$$

$$\frac{200-0}{5.2}=\frac{200}{5.2}\approx38.46（元）$$

由于每份菜的标准份额是 200 克，因而每份菜的成本为

$$\frac{38.46\times200}{1000}\approx7.69（元/份）$$

某酒店冷菜间标准熟品率如表 7-11 所示。

表7-11　某酒店冷菜间标准熟品率

菜品名称	毛料重量/克	成品重量/克	出材率/%
酱牛肉	牛肉500	250	50
叉烧肉	猪肉500	275	55
牛肉丁	牛肉500	150	30
灯影牛肉	牛肉500	75	15
烤麸	熟水面筋500	800	160

3. 控制生产损耗的作用

（1）控制采购和验收。计算从不同的供应商手中购买原料的加工切配损失率，可以帮助企业确定哪家供应商的原料质量最佳，以帮助选择供应商，并且根据标准损耗率控制各批原料，可了解采购、验收的原料质量是否稳定。因此标准损耗率是控制采购、验收的关键点。

（2）控制加工切配技术和方法。以标准损耗率计算的标准净料量控制实得净料量，能够控制加工切配中原料的使用情况，控制加工方法。例如，海参的标准涨发率一般为400%～500%，即500克干货可涨发2 000～2 500克海参，出成多可能口感太烂无咬劲，出成少可能使海参口感硬脆，也可能是海参已融化在汤汁中。所以标准损耗率是考核厨师干货涨发技术水平的关键点。

（3）促进原料的综合利用。以标准净料成本控制实际净料成本，可以促进一料多档原料的综合利用，减少食品生产原料的用量，降低生产成本。例如，凉拌萝卜皮的成本就几乎为零。这是对萝卜下脚料利用的有效控制。

（4）控制菜肴的价格。菜点的定价大多以原料成本为基础，而且许多菜是按净料重量销售，只有根据标准损耗率算出净料成本才能确定菜点的价格。例如，酱牛肉、叉烧肉、卤鸡等是按熟肉净料分份，而且根据每份的成本来确定价格，因而只有计算出标准损耗率才能准确制定价格。

（5）有利于菜点创新。综合利用辅料可为餐厅创造新菜，增加花色品种，增加菜单吸引力。

五 生产卡控制

生产卡是厨房生产的计划书，它规定了各菜品计划生产的份数。生产卡反映各菜点的预测生产数量、计划生产数量（调整预测值）、菜点每份的重量、该菜点的标准生产方法、现有库存量、计划生产量、可供销售量等内容。生产卡上的待生产量为厨师和领班规定了生产指标。可见，生产卡是厨师长控制生产、减少浪费的重要手段，是厨房关键点控制的工具。

生产卡由厨师长负责编制，应列出管理人员控制生产的数据。厨房生产卡的基本格式如表7-12所示。

表7-12　越秀厨房2009年2月10日生产卡

菜品名称	预测数	调整后预测值	份额量/克	生产方法	库存成品	待生产量	可供销售数	预计结存量
23#菜	62	70（+1）*	300	菜谱号62	0	70	70	0
24#菜	65	70（-1）	200	菜谱号4	5	65	70	1
25#菜	27	32（+2）	250	菜谱号19	2	30	32	0
26#菜	135	147（-2）	250	菜谱号17	0	147	147	2
27#菜	95	105（0）	300	菜谱号7	1	104	105	0
总　数	384	424			7	323	330	3

* 括号内的数值为厨师长根据当天经营的具体情况，确定的特殊情况增减值。

生产卡是厨房确定每日、每餐各种菜点的生产指标和计划，可以防止过量生产造成的成本超额，未出售的半成品列在当日成本的数据中，但并未获得收入，因而有必要充分利用半成品。理想状态是每餐无剩余的菜点，但这是不太可能的。厨房管理中尽可能减少未售出的半成品和成品，以控制成本，这是生产控制的目标之一。可见，生产卡有以下几个作用。

1. 反映菜点预测数

菜点预测数应根据以前销售数据的预测数提前在一周或三天填写，这样可以提前作好生产计划、采购计划和库房领料计划，但生产卡上要有调整预测值。厨师长在预测日的前一天晚上（或当日早上）要检查预测值，并根据天气情况、餐桌预订情况、客房出租情况以及团队、会议就餐情况等调整预测值。

2. 反映厨房待生产量

为减少浪费，厨师长应在不影响质量和保证食品安全的前提下，尽可能充分利用每餐剩下的菜点。待生产量由调整后的预测数减去库存半成品和成品数而得，这个数据就是厨师长的生产指标。

生产卡上列出"库存成品"一项，是要求厨师长清点上一餐或上一天有多少剩余的菜点。有些高档酒店为保障质量剩菜一律不再使用，但有些半成品可继续使用。

3. 反映预计结存量

预计结存量的存在是由于厨师长在预测销售量时总是打出一定余量以保证供应。预计结存量的数据应抄在第二天的生产卡上以便充分利用。有时菜品已经切配好而未烹调（如牛排、鱼片等），可留着第二天使用，但必须采取食品安全性措施，以防变质、丢失。

4. 反映生产方法和份额

为保障菜肴的质量，在生产卡上要标明每项菜品的标准份额和注明生产方法。这种做法有强调和提醒作用，它控制每份菜品的份额数量，特别是同一菜点在不同餐次的份额。例如，宴会用餐与零点用餐的份额不同，盛菜使用的碟子其尺寸也不相同。

本章案例

案例7-1：良好作业规范

1. 案例综述

常师傅是一位有二十几年厨龄的高级烹调技师。他专心钻研烹调技术，十分擅长做粤菜，在厨房一直做头厨。企业新开了一家餐厅，领导认为常师傅烹调技术一流，又在厨房干了十几年，去新餐厅的厨房做厨师长一定能够胜任。常师傅上任后，招聘厨师，制定规章制度，编写标准菜谱，散发餐厅宣传广告，每一步做得都很到位。

很快餐厅开张了。第一周开餐，来捧场的客人很多，但是开餐时却不时出现问题。例如，开胃小食很快就供不应求了，服务员推销的菜品客人点要时却缺售，炉灶的火力不足造成上菜速度很慢……兴致勃勃的客人耐不住长时间的等待，一个个离席而去。还有的客人投诉"银芽鸡丝有芽头和根须""今天的酱爆肉丁的肉比前天少了"。

2. 基本问题

（1）常师傅在厨房管理上存在哪些缺陷？

（2）发生上述问题的责任范围是什么？

（3）常师傅需要加强厨房哪方面的管理，主要依据是什么？

3. 案例分析与解决方案

（1）精通技术，但不会管理

① 常师傅作为厨师长没有做好厨房开餐前的准备检查工作。炉灶的火力不足、菜单上菜品缺售均属于开餐前需要认真准备和检查的工作。

② 常师傅作为厨师长没有制定明确的岗位责任制。

（2）岗位责任范围

① "银芽鸡丝有芽头和根须"是加工区厨师的责任，加工厨师没有根据银芽鸡丝的加工要求，没有按豆芽的加工规格、标准和要求进行加工。

② 酱爆肉丁中的肉时少时多是切配区厨师的责任，切配厨师没有严格按标准菜谱进行配菜。

③ 开胃小食供应跟不上，责任一方面在冷菜领班没有准确预测小菜供应量，另一方面是冷菜厨师在开餐前对开胃小菜的数量制作不足。

（3）加强厨房管理的主要依据

依据"良好作业规范"或"优良制造标准"（GMP），对厨房进行生产责任控制管理，这是一种有效保障产品质量的监控方法。

具体做法是对厨房按每个岗位的生产运作环节，制定工作责任，实行层层监督控制。按照厨房的生产分工，每个岗位都担任着一个方面的工作责任，每位厨师必须对自己的生产质量负责。部门负责人必须对本部门的生产质量实行检查控制，并对本部门的生产问题承担责任。厨师长对本厨房产品的质量和整个厨房生产运作负责。

▇案例 7-2：标准衡器的使用

1. 案例综述

泰山饭店是一家新建的五星级酒店，通过社会招聘组成了高技术水平的厨师队伍。试营业期间，前厅反映客人对鲁菜厨房的意见主要是菜肴质量不稳定，如肉丝长短不齐，丸子时大时小，蹄筋有老有嫩……鉴于此，厨师长决定组织有经验的老技师制定本厨房的标准菜谱。

不久，酒店正式营业，厨房也在标准化管理方面迈进了一步，全部菜点已经有了标准菜谱，客人对菜品质量的投诉明显减少，但是通过信息反馈，仍然有客人对零点菜肴的口味表示不满，如糟熘鱼片香糟味时浓时淡，酱爆鸡丁偏咸，糖醋鱼甜味有加、酸味不足等。

2. 基本问题

（1）试营业期间菜肴质量不稳定的原因是什么？

（2）制定标准菜谱后为什么零点菜肴的口味仍然不稳定？

（3）如何解决口味稳定问题？

3. 案例分析与解决方案

（1）菜肴质量不稳定的原因

① 厨师来自社会招聘，每位高技术水平的厨师都有自己的技术习性。不同的厨师做同一道菜，方法和对口味的理解有所不同；而每位厨师在不同的季节环境、不同的身体状况、不同的操作心情下，味觉器官的反应也是有所差别的。

② 试营业前厨房没有进行统一的技术培训。因为没有标准菜谱参照，所以厨师按照自己以往的经验操作。

（2）零点菜肴口味不稳定的原因

标准菜谱是以公制为计量单位称重的，厨师在实际操作生产中，用量极少的调味料采用标准秤逐一称量，操作起来太麻烦，很不适用。厨师不可能在炒酱爆鸡丁的同时，再用标准秤称量酱的重量。多数厨师仍然根据经验用手勺盛适量的酱下锅，因此有可能造成菜肴口味不稳定。

（3）解决方法

① 当厨师对比较特殊的菜肴进行单个生产时，使用标准餐勺进行控制效果较好。但是不同规格的餐勺，一次量取调料的数量不相同，厨师在第一次使用标准勺前，应先分别量取不同调味料进行称量，以确定一勺的标准数量。

② 对一餐中销售数量较多的菜肴，可使用标准秤、标准量杯提前兑出若干份味汁，开餐时厨师只需分清味汁的种类，根据待炒菜肴的数量，使用标准勺直接烹调即可。

案例 7-3：标准时间的确定

1. 案例综述

鸿运酒店是一家老饭店，由于长期以来管理的疏漏，使厨房人浮于事，劳动效率下降。一直在烤鸭班工作的许师傅最近被新任命为酒店的行政总厨。这天他对加工间厨房例行检查，正遇上张师傅与加工间主管争执。只听张师傅大声说："我一上午切 40 斤肉丝，还有时间吸烟，贾立不停地切，一上午也切不了 20 斤。凭什么说我磨洋工！"。原来上午 10 点加工间主管见张师傅在吸烟室吸烟，就批评他"磨洋工"，张师傅不服气，这才吵了起来。

这件事提醒许总厨对厨房进行标准化管理，于是他以自己最熟悉的烤鸭班为试点，先制定了烤鸭班每日生产量劳动标准，即一个烤鸭炉一次可同时烤制 8 只鸭子，鸭子在炉中烤制的时间是 45 分钟左右。由此推算出一位鸭班厨师每日标准生产数量为 6 炉。

2. 基本问题

（1）加工间主管管理思想的误区是什么？由此引发的结果是什么？

（2）烤鸭班每人每天 6 炉指标的依据是什么？这个标准合理吗？

（3）加工间厨师切肉丝的标准劳动时间包括哪些内容？

3. 案例分析与解决方案

（1）加工间主管在管理思想上的误区

加工间主管在管理上的误区是强调谁正在干，而忽视单位时间内谁干了多少，干得怎么样。这种思想指导下的厨房管理方法，极大地挫伤了厨房员工的生产积极性，不但使劳动生产率下降，而且还挫伤了厨师提高生产技术水平的自觉性。

（2）每天 6 炉指标的依据

通过标准时间控制生产流程的运行时间和数量，以最少的人力、财力、物力达到预期生产目标，形成最佳的烤鸭生产秩序和流程。

一炉烤鸭的标准生产时间包括 45 分钟的烤制时间，加上挂鸭胚、摘取烤鸭的前后准备与结束时间，这样一炉烤鸭的实际生产时间约为 1 小时。许总厨按一天工作 8 小时计算，除去每天必要的布置工作时间、厨师劳动中生理需要的富余时间和每日收档必要的卫生清理时间，制定一天 6 炉的标准比较合适。

（3）切肉丝的标准劳动时间

一位厨师切肉丝的标准劳动时间包括如表 7-13 所示的内容。

表7-13　一位厨师切肉丝的标准劳动时间

项　目	内　容	备　注
作业时间	手工切肉丝	
休息与生理需要时间	喝水	
	吸烟	
	短暂休息	恢复手臂疲劳
	上卫生间	
准备与结束时间	磨刀	
	工具复位	将刀、墩子洗刷干净，放回指定位置
	点收原料	将切好的肉丝封好，放入冰箱
	清扫工作现场	清扫案子、地面，刷洗容器

案例 7-4：标准菜谱的制定

1. 案例综述

黄山到风雅餐厅实习，厨师长责成他将本餐厅菜单上的全部菜肴编写成规范的标准菜谱，以便下一步对厨房菜品质量进行标准化控制。黄山通过向有实践经验的老师傅请教，先写出了银芽鸡丝的标准菜谱，请厨师长过目。厨师长对黄山编写的菜谱在格式和项目上给予了肯定，但对生产控制的关键细节作出了规定。

黄山编写的标准菜谱初稿如表 7-14 所示。

2. 基本问题

（1）结合厨房生产实际说明黄山的标准菜谱存在哪些缺憾。

（2）如果你是厨师长，你会对标准菜谱提出哪些关键细节的规定？

（3）厨师长制定细节标准的依据是什么？

表7-14　黄山编写的标准菜谱

菜名：银芽鸡丝　　　　　　　　　总成本：5.32 元 / 份

用途：零点　　　　　　　　　　　销售毛利率：46.8%

规格：9 寸盘　　　　　　　　　　售价：10 元 / 份

菜谱号：100　　　　　　　　　　日期：2009.2

成品特点：清鲜、爽口、色白

原料名称	数量 / 克	预算成本 / 元		制作程序	备注
		单价	总价		
鸡脯肉	200	8	2.4	1. 脯肉切成细丝(长 × 宽 × 高)厘米,加盐、鸡蛋清、湿淀粉上浆拌匀	
精　盐	5	2	0.02		
鸡蛋清	一个	3	0.4		
湿淀粉	适量				
绿豆芽	250	1	0.5	2. 豆芽择去芽头、根须洗净, 飞水, 捞出, 沥去水	
料　酒	10	3	0.06	3. 用盐、酒、味精、湿淀粉调成调味汁, 备用	
味　精	3	20	0.12		
湿淀粉	少许				
色拉油	50	7	0.7	4. 煸锅上火烧热, 入凉油, 入鸡丝划油, 沥油	
火腿丝	50	10	1	5. 煸锅上火, 放入绿豆芽、火腿丝、葱白丝翻炒至豆芽断生, 再放入鸡丝炒匀, 入调味汁颠翻, 淋油, 再颠匀, 盛入盘中	零点无装饰
葱白丝	30	2	0.12		
合　计			5.32		
标准成本		5.32 元 / 份			

3. 案例分析与解决方案

（1）黄山标准菜谱的缺憾

① 成本预算不能只核一次。

② 实际生产中盐用了两次，但菜谱上只标明了一次。

③ 湿淀粉的用量不应该使用"少许"等模糊词。

④ 料酒应该注明是什么酒。

⑤ 制作程序 2 中的"飞水"属地方语，应该用专有词"焯水"。

⑥ 没有产品图片。

（2）菜谱细节规定

① 格式规范，文字标准。使用行业约定俗成的专业术语，不用地域性术语。

② 原材料名称确切、具体，应标明品牌。

③ 必须使用国际单位制，不用"少许""适量""一勺"等模糊数据。

④ 按使用顺序排列原材料。在加工制作的工艺流程中，凡两次以上使用的原材料要分别列出，防止工艺过程中遗漏。

⑤ 明确生产规格。包括原材料的形状、尺寸，各种主料、配料、辅料和调料的数量及烹调方法。

⑥ 温度、时间、成熟度应明确具体，具有可操作性。由于烹调的温度和时间对产品质量有直接影响，所以应具体列出操作时的加热温度范围和时间范围，以及制作中产品达到的成熟程度。

（3）厨师长制定菜谱细节标准的依据

依据是由"食品的危害分析"和"关键控制点"两部分组成的系统管理控制方式，又称危害分析的临界控制点（HACCP）。具体体现在对菜肴生产全部运作过程的预防性危害控制。这一管理体系的最大特点是将对菜肴质量的最终检验——客人检验转变为厨房对菜肴生产过程的预防控制中，这一控制预防体系极大地降低了菜肴生产失误发生的概率。

案例7-5：加工切配控制

1. 案例综述

吴刚是烹饪学校的大学生，到沪江饭店进行为期半年的实习，厨师长责成他对厨房生产运营进行暗访，以便为下一阶段的节能增收提出建设性意见。吴刚第一周在参加厨房生产实习的同时，将观察到的情况做了如下记录。

① 张明在为宫爆虾球做切配时，将青黑色的虾皮片下，露出雪白的虾肉，这样做出的宫爆虾球确实颜色红润、美观，提高了菜肴的品质。

② 本厨房标准菜谱标明清蒸狮子头每个净重 100 克，而此次抽检每个为 90 克，由此提高了狮子头每批加工的出品数量，而客人并未察觉。

③ 按照饭店惯例，每桌客人用餐后，都要送一个果盘，这是一笔不小的开支，冷菜间的孟师傅将做果盘切下的西瓜皮洗净，片去表面绿色的硬皮，再将瓜皮肉切成细丝，替代鸭梨做凉菜"赛香瓜"，客人不但没有投诉，反而此菜的点菜率有所升高。

2. 基本问题

（1）张明的切配方法是否可取，为什么？

（2）狮子头的出品重量是否维持不变，为什么？

（3）孟师傅的"废物利用"是否可取，为什么？

3. 案例分析与解决方案

（1）宫爆虾球

为了提高菜肴的品质，使宫爆虾球的色泽美观，张明的做法可取。但是如何处理次级原料——片下的虾皮是厨房生产控制的关键。因为这些次级原料是可食的（不是虾壳，而是虾肉的表皮），这些可食部分既可以做三鲜馅、虾肉馅，也可以打成虾腻子做其他菜。

（2）清蒸狮子头的重量

标准菜谱标明清蒸狮子头每个净重 100 克，厨师就必须严格按标准菜谱生产。这是厨房生产控制的根本，所以狮子头的净重必须按每个 100 克生产。同时还必须追究当事者的生产责任，下发生产过失单，警示他人，以使全体员工认识到该做法不是为企业增加利润、提高效益，而是毁了企业。

（3）废物利用

孟师傅西瓜皮的"废物利用"应该说是可取的。标准菜谱中"赛香瓜"的原料是梨丝、京糕丝、白糖，但是梨丝"酶促褐变"的特性，使"赛香瓜"的色泽发生变化；而洗净去皮的瓜皮肉，色浅绿，没有酶促褐变的干扰，口味上的清香使菜肴更具特色。同时变丢弃物为原料的做法，也使菜肴的成本降低，利润增加。

需要注意的是，由于原料的变化，菜品的名称也应该变化，为该菜另起一个名称，制定新的标准菜谱，同时适当降低销售价格，是明智的做法。

■ 本章实践练习

1. 掌握生产数据汇总方法。

2. 掌握菜肴预测方法。

3. 掌握标准菜谱的制作方法。

4. 在实验室做加工切配实验，找出不同原料的标准净料率。

5. 在实验室做烹调实验，找出不同菜品的标准出成率。

6. 掌握标准成本的控制方法。

7. 掌握生产卡的编制方法。

第八章 菜单策划与分析

菜单是开列各种菜肴的单子，是厨房向客人提供菜点的商品目录，是餐饮企业采购部购置原料，厨房进行菜点生产，餐厅进行服务和推销商品的依据。从厨房生产运作的角度看，菜单策划工作包括菜单内容的确定，菜单定价和实践中对菜单经营效果的分析三个部分。

第一节 菜单策划

菜单的原始雏形是小食店的老板将供应的菜点写在小纸片上，继而又将纸条贴在墙上或写在小黑板上供客人挑选食物之用。菜单发展到今天其表现形式已多种多样，如带有彩色插图的多页纸张、多米那展板、灯箱、仿真食物等形式的菜单已极为普遍。

◤一 菜单种类

菜单种类是根据厨房生产功能、餐厅供餐形式和餐别确定的。综合性酒店的不同厨房的菜单内容与形式是不同的，通常有几种甚至几十种。目前，我国酒店常用的菜单大体分为零点菜单和特殊菜单两大类。

1. 零点菜单

零点菜单是按一定顺序排列各式菜点，且分别标定销售价格，客人可以任意选择菜点的菜单。它是餐饮业最基本、使用最广泛的菜单。

零点菜单根据餐别不同，将其分为早、午、晚餐菜单，早餐的零点菜单其内容比午、晚餐简单，但要求提供制作简便快捷、供餐迅速的高品质商品。午、晚餐零点菜单品种较多，除了固定菜肴外，还常常备一些应时新鲜菜点，用以调剂口味给客人一种新鲜感。

图 8-1 所示为深圳某酒店使用的早餐零点菜单，图 8-2 所示为香港利苑酒家使用的应时特色菜品的零点菜单。

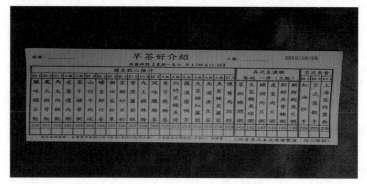

图8-1　早餐零点菜单

图8-2　正餐零点菜单

零点菜单提供的品种较多，使宾客有较充足的选择余地，其适用范围也较广。大众餐馆、酒家，酒店的咖啡厅、风味餐厅、客房送餐部等均可以使用零点菜单。图 8-3 所示为具有四百多年历史的德国慕尼黑皇家啤酒屋目前使用的零点菜单。

图8-3　德国慕尼黑皇家啤酒屋零点菜单

（1）咖啡厅菜单。咖啡厅菜单是以西式快餐为主要表现形式的菜单。菜单目录的排列顺序一般为头盘、汤类、主菜、主食。

（2）风味餐厅菜单。风味餐厅菜单是集中体现各风味厨房生产特点和产品特色的菜单。菜单目录的排列顺序一般为冷菜、热菜、汤类、主食。此类菜单除了按常规模式布置菜单顺序外，通常还将最具风味特点的招牌菜、传统菜作为厨师长推荐菜介绍给客人，以突出体现本厨房的生产特色。

（3）客房送餐菜单。客房送餐菜单是专门为由于某些原因不能或不愿到餐厅就餐，要求在客房用餐的宾客设计的菜单。此类菜单通常选择质量较高但加工不太复杂，品质性状稳定，便于运送服务的菜点。

2. 特殊菜单

特殊菜单是厨房为进行促销活动制定的成套销售厨房产品的菜单。特殊菜单一般含冷菜、热菜、点心、汤、水果、饮料等，其内容丰富，形式多样。特殊菜单促销潜力大、盈利点高，被餐饮企业广泛应用且不断创新。各酒店随年节推出的圣诞夜菜单、春节家宴菜单、情人节情侣套餐菜单，随节气变化推出的美食节套餐菜单、冬季滋补火锅套餐菜单、自助餐菜单等都属于特殊菜单。

（1）套餐菜单。套餐菜单也称定菜菜单，它通常将一位或几位客人一次消费的菜肴、点心或饮料等组合在一起，成套定价销售。

普通套餐菜单的菜品种类不多，总体价格比零点菜便宜。中餐套餐菜单多见于快餐厅或写字楼里的商务餐厅，如午、晚餐的两菜一汤一饭、三菜一汤一饭等成套供应的菜单。西餐套餐菜单已成为国际性标准化菜单，如欧式早餐菜单和美式早餐菜单。欧式早餐大多供应面包、黄油、果酱、牛奶、果汁或咖啡。美式早餐是在欧式早餐的基础上再增加各类食物，如焙根、烤肠等。

图 8-4 所示为奥地利国王弗朗茨·约瑟夫首次以国王身份在巴德伊舍与伊丽莎白（茜茜公主）订下婚约时，酒店据此设计的"K.&K."（国王和王后）西式套餐菜单。

菜单左侧是对奥地利名菜"慢炖牛肉"的历史背景介绍，右侧是套餐菜单的具体内容。该菜单的翻译如下：

凯撒大帝喜爱的美食

1836 年"慢炖牛肉"正式出现在皇家菜单中，并成为皇家厨房中的标准菜谱。当时皇家厨房几乎每天都提供慢炖牛肉，而配菜则时常有所变化。

凯撒大帝为人低调，生活俭朴。面包、应季新鲜蔬菜（如萝卜、小洋葱），同时佐以调味葡萄酒是他日常喜欢的食物。

凯撒大帝弗朗茨·约瑟夫是慢炖牛肉的"粉丝"，他始终坚持要求采用"慢炖"的方式来烹调牛肉。可以说是凯撒大帝弗朗茨·约瑟夫使慢炖牛肉成为名菜的。

套餐菜单

浓厚牛肉清汤配面皮丝、青葱碎
慢炖西门塔尔牛臀肉配烤土豆、奶油菠菜和2种酱料
传统德式甜饼配自制果酱

如果您不喜欢皇帝的菜单，我们还提供其他菜品供您选择。

Des Kaisers liebste Speis...

In der kaiserlichen Hofküche zählte schon in der ersten Hälfte des 19. Jahrhunderts gekochtes Rindfleisch zum Standard, wie die Speisenliste der kaiserlichen Hofoffiziere aus dem Jahr 1836 zeigt. Damals wurde täglich gesottenes Rindfleisch mit wechselnden Beilagen serviert.

Endgültige Bekanntheit erreichte das Siedefleisch aber schließlich durch **Kaiser Franz Joseph.**

Der Kaiser galt als ein sparsamer und genügsamer Mensch. Für die private Hoftafel genügte ihm einfache Kost, wie gekochtes Rindfleisch mit Beilagen. Die Beilagen waren meist Kohl oder Kohlrabi, ein Teller frisch geriebenen Kren, einige junge Zwiebeln, altbackenes Brot (zum Aufnehmen des Saftes) sowie drei Deziliter Wein.
Er war ein großer Liebhaber des gekochten Rindfleisches und bestand darauf, dass sein Lieblingsgericht vom Fleisch des Kärntner Blondviehs gemacht wurde.

Kräftige Tafelspitzbouillon
mit Frittaten & Schnittlauch

⍟⍟⍟

**Zart gesottener Tafelspitz
vom Simmentaler Rind**
Rösterdäpfel, Cremespinat &
zweierlei Saucen

⍟⍟⍟

Flaumiger Kaiserschmarrn
mit hausgemachten Marmeladen

Sollten die kaiserlichen Gaumenfreuden nicht nach Ihrem Geschmack sein, so bieten Ihnen unsere Servicemitarbeiter gerne Alternativen an.

图8-4 "K.&K." 西式套餐菜单

（2）团队菜单。团队菜单是厨房为旅游团队、各类会议等客源设计的菜单，也称团体包餐菜单。此类菜单菜式品种较少，但每一种菜品都需要大量生产和同时服务。

团队包餐菜单通常是根据旅行社或会议主办单位规定的用餐标准制定的，考虑到团体宾客的特点、要求和习惯，策划团队包餐菜单时既要注重花色品种、菜肴质量，让宾客吃得满意，又要注意高中低档菜点的合理搭配，保证厨房的合理利润。

图8-5所示为北京饭店为本店的"中华礼仪厅"设计的套餐菜单。

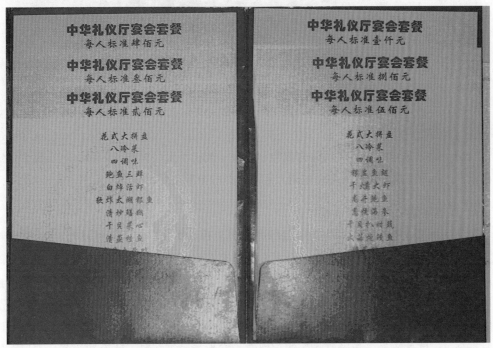

图8-5　"中华礼仪厅"套餐菜单

（3）宴会菜单。宴会菜单是客人预订筵席时，根据客人要求、用餐标准、宴请对象等内容确定的菜单。宴会菜单必须体现消费标准高，菜式品种多，接待服务讲究，便于批量生产的特点。同时菜点选配既要求做工精细、外形美观、体现风味特色，又要求能衬托宴会主题，达到烘托宴会气氛的目的。计算机打印的宴会菜单，虽然漂亮整齐，且字体可随意变换，但却显得冷淡呆板，千篇一律，缺乏灵气，而特意用手书写的菜单不仅能彰显经营者的文化内涵与修养，还能拉近与客人的感情，表现出了对客人的重视与尊重。

图 8-6 所示为一张 20 世纪 30 年代用毛笔手写的全聚德宴会老菜单（现收藏于首都图书馆北京地方文献中心）。

图8-6　20世纪30年代全聚德老菜单

二　菜品选择

厨房在策划菜单时，确定菜品的种类、数量、规格、出品标准等内容，对实现企业经营目标，达到利润最大化有决定性作用。菜品选择的原则主要有以下几点。

1. 以市场需求为导向，准确定位

菜品选择要根据目标市场定位、目标顾客群消费水平及其需求特点设计。做工精致、原料上乘、服务讲究的高档菜品，适合高收入顾客群和商务宴请；制作快捷、价格公道的大众化菜品，适合百姓和以流动人口为目标群的顾客。不同类型的餐厅，顾客群的需求特点不同。零点餐厅的宾客要求菜单的菜式品种丰富多样、规格齐全，高中低档菜式合理搭配，以便随心所至，任意点用；而宴会、团体菜单的制定应更具有针对性，不仅要依据消费标准，还要充分了解宾客来源、年龄结构、饮食习惯、宗教禁忌等情况，所设计的菜品不但要体现其规格、档次，还要烘托餐饮主题。

2. 注重菜品盈利能力，争取利润

菜单策划要尽可能选择既畅销又可获得较大毛利的菜肴，从而取得理想的经营效果。那些原料成本过高，定价昂贵而又难以销售的菜不宜多选。

根据菜品的销售结构和盈利能力，菜单上的菜品大致可分为四类：畅销且高利润，畅销但低利润，不畅销但高利润，不畅销且低利润。菜单策划中在决定一个菜点是否应列入

菜单时，应综合考虑三个问题：第一，该菜肴的原料成本、售价和毛利额各是多少？第二，该菜肴的畅销程度，即可能的销售量如何？第三，该菜点的销售对其他菜点销售所产生的影响是什么？即是否有利于其他菜肴的销售。要综合权衡利弊，作出选择。

3. 体现厨房生产实力，增强竞争能力

菜单策划要充分体现本厨房技术实力，发挥厨师技能特长，将本厨房名师主理的名菜名点、特色菜点、招牌菜点，在烹饪方法、风味特点和服务形式等方面人无我有或人有我优的菜点列于菜单上，吸引顾客，形成顾客流。对技术水平不具备、设备设施不具备、原料保障不具备的菜肴即使是畅销菜，也要坚决从菜单上拿掉，否则将造成顾客的不满和失望，给企业带来名誉上的损失。

4. 平衡菜肴花色品种，各方兼顾

菜品的花色品种选择对菜单的成败起重要作用。选择菜点品种时应该兼顾以下几点。

（1）每大类菜品价格平衡。各大类烹饪原料制作的菜肴，在一定的价格范围内尽量使其有高中低档的合理搭配。

（2）原料搭配的平衡。每类菜应由不同原料的菜品组成，适应不同顾客的需求。具体说，就是肉、鱼、蛋、禽、蔬菜等原料配置合理。

（3）加工烹饪方法平衡。要考虑菜品的外观、切配形状，如丝、片、丁、条、块、粒等所创造的刀口形状平衡，也要注意烹调方法（炸、炒、烤、蒸、煮）形成的不同风味、不同口感的平衡。

（4）菜肴营养作用平衡。特别应注意使套餐菜单、宴会菜单营养搭配合理。不能只选择高蛋白质低脂肪的菜，要根据不同人群的生理需要特点搭配菜点，还要注意使节食者有钟爱的菜品可用。

总之，在综合兼顾上述几点后，才能策划出较为合理的菜单。不仅如此，对于每一周期新策划的菜单还要进行测试，经过分析完善后才能正式使用。

◣三 菜单实施策略

菜单使用时间长短及其更换频率，对于企业经营有重要影响。常见的菜单实施策略有三种：固定菜单、循环菜单及综合菜单。

1. 固定菜单

固定菜单是指菜点品种相对固定，不作经常性调整的菜单。固定菜单策略常用于宾客流动性较大的各类酒店、餐馆，由于这些企业接待的顾客几乎每天都在变换，客人不会因为每天供应同样的菜点而感到单调。固定菜单一经合理制定，便能长期使用。使用固定菜单有以下优点。

（1）固定菜单有利于控制食品采购，减少厨房库存。由于菜单固定，所需采购的原材料品种和数量相应稳定，简化了采购决策、库存分类和存货盘点工作的复杂程度，方便实施标准化管理，有利于节约厨房成本。

（2）有效稳定菜品生产质量，减少损失。由于重复制作同样的产品，使厨师有很多机会巩固和提高加工技术水平，从而有效保证产品质量的稳定性。

（3）有利于厨师的合理配置和设备的充分利用。由于生产方式相对固定，比较容易做到合理安排人力。由于厨师生产技能的熟练，促进了劳动生产率的提高。另外还可做到按需购置设备，避免设备的大量闲置，从而节约成本，提高设备的利用率。

但是固定菜单也有不足之处。如必须无条件地购买菜单所需的各种原料，即便价格上涨，也不能短缺，这会使菜单的盈利能力受到限制。同时也不能因为临时得到廉价原料而随意更换菜式；菜单的灵活性较小，会使经常光顾该餐厅的客人产生"陈旧"和"厌倦"感觉而不愿"回头"；长期使用固定菜单，会使厨师感到工作内容单调而影响生产积极性。

2. 循环菜单

循环菜单是指按一定周期循环使用的菜单。这种菜单实施策略适合于酒店为旅游团队、会议包餐以及长住客人使用。另外也适用于学校、医院、企事业单位食堂等就餐客人较为固定的场所。

使用循环菜单，酒店必须按照预定的周期天数制定一套菜单，即周期有多少天，这套菜单便应有多少份各不相同的菜单，每天使用一份，当这套菜单从头至尾运行一遍，即为一个周期，然后周而复始。

循环菜单周期的长短主要是根据市场特点决定。酒店的餐厅如使用循环菜单，周期可以短些，一般以一星期左右为宜。对于度假型、疗养型、长住型酒店的宾客和各类企事业单位食堂，循环菜单的周期应适当放长，以避免相同的菜式过于频繁出现。

循环菜单的优点是易于使菜点内容丰富多彩，较好地满足顾客对多种风味菜式的需求；厨师不会因工作重复感到单调。但是循环菜单也有一定缺憾，厨房必须储存大量的食品原料，循环使用的菜单越多，采购和原料库存的工作量与成本就越高；使用循环菜单对厨师的技术要求更全面，人工成本会增加；对当天剩余的产品很难再推销，因为当天的菜点不大可能在第二天的菜单上再次出现。

3. 综合菜单

由于固定菜单和循环菜单的实施策略各有利弊，实践中许多厨房实施综合菜单策略，收到良好效果。综合菜单策略是在使用固定菜单的同时附加当日特色菜单向客人推广；有的厨房缩短固定菜单的经营时间，特别是在不同季节及时调整菜单内容，附加时令菜品；还有的厨房虽使用固定菜单，但对一些主要菜品，配选多套，将它们随固定菜单循环使用。

第二节　菜单定价

菜单定价是厨房管理的核心内容之一，也是菜单设计的重要环节。定价是否合理，直接影响菜品的销售，利润目标的实现以及企业在同行中的地位。

厨房生产过程也是酒店生产、销售、服务的过程。从理论上讲，菜单中菜点的价格应该包括菜点从采购、加工制作到消费的全部费用、利润和税金，即菜单的价格由菜点原料成本、加工制作费用、利润和税金四部分组成。其公式为

菜点价格 = 原材料成本 + 加工制作经营费用 + 利润 + 税金

但是由于厨房产品生产的特殊性，各菜点在加工和销售过程中，除原材料成本以外，其他生产经营费用，如工资、水电、燃料等费用很难按各菜点的实际消耗确切计算。所以长期以来，人们在核定菜点价格时，只将原料成本作为菜点成本要素，将厨房生产加工运作中消耗的费用、所得利润和上缴的税金统称为毛利，并以此作为菜肴定价的重要条件之一。其公式为

菜点价格 = 原材料成本 + 毛利

不同酒店或餐厅，由于规格档次、目标市场、经营状况不同，其菜肴定价目标也是不同的。菜单策划者只有遵循定价基本原则，根据定价目标，使用合理的定价方法和策略，才能制定出既符合市场需求，又能使厨房实现经营目标的菜单价格。

菜单定价原则

1. 价格反映产品价值

厨房菜点的价格是顾客判断厨师技术水平的依据，价格也是体现菜点价值的主要依据。高价菜点体现出较高的消费价值，其价值主要包括食品原材料的消耗，精工细作的技能技巧，当然还包括餐厅热情周到服务所耗费的人工，以及创造优雅舒适的用餐环境和设备设施的使用价值。总之，菜单定价要使产品的价格与价值构成水准相称，让宾客感到物有所值。

2. 价格适应市场需求

厨房菜点的价格要适应目标市场顾客的消费水平。定价既要灵活，又要相对稳定，要根据市场供求关系的变化，灵活应用浮动价、季节价以及优惠价。

灵活是指菜单定价可根据酒店声誉、季节变化、位置偏差确定价格，要充分利用价格杠杆调节需求，增加销售，提高经济效益。但定价过高，超出消费者的承受能力，或"价非所值"，会引起顾客不满，从而降低消费水平，减少消费量。相对稳定是指菜单价格不宜频繁变动，要有相对的稳定性。即使由于季节变化造成原料价格浮动，也应使浮动的价格尽量在企业内部消化，否则会失去消费者的信任，挫伤购买积极性。另外，每次调价的幅度也不能过大，最好不要超过10%。

3. 价格符合国家政策

厨房菜点还必须根据国家政策制定菜单价格，接受物价部门的管理与指导。在市场调节的基础上，贯彻按质论价、分等论价、时菜时价的原则，以合理的成本、费用和利润制定菜单的价格。

菜单定价方法

厨房菜点定价方法有多种，无论采用哪种定价方法，均是以成本毛利率法和销售毛利率法作为基准定价，在基准定价的基础上再采取不同的定价策略，调高或降低售价。菜点定价的步骤如下。

1. 确定毛利率

毛利率是菜点毛利与某些指标之间的比率。厨房常用的指标是产品的原料成本和产品的销售价格。菜点毛利与菜点成本之间的比率称为成本毛利率；菜点毛利与菜点价格之间的比率称为销售毛利率。确定菜单毛利率的原则主要有以下三点。

（1）凡与普通顾客关系密切的一般菜点，毛利率从低；宴会、名菜名点、风味独特的菜点，毛利率从高。

（2）技术技能高、设备条件好、费用开支大、用料名贵、货源紧张、加工复杂的菜点，毛利率从高。

（3）团队餐、会议餐菜点，生产批量大，单位成本相对较低，毛利率从低；零点菜单生产批量小，单位费用成本高，毛利率应略高。

2. 确定基准价

基准价是指对菜点按毛利率进行基本核价确定的价格，其定价方法主要有成本毛利率法和销售毛利率法两种。其计算公式为

$$成本毛利率 = \frac{菜点毛利}{菜点成本} \times 100\%$$

$$销售毛利率 = \frac{菜点毛利}{菜点销售价格} \times 100\%$$

（1）成本毛利率法。成本毛利率法又称外加法或加成率法，是以耗用原材料的成本作为基数定义的毛利率定价。其公式为

$$菜点基准价格 = 菜点原料成本 \times (1+ 成本毛利率)$$

【例8-1】 厨房做某点心200份，共用A原料2 500克，每千克成本30元；B原料1 500克，每千克成本80元；C原料750克，每千克成本60元。若厨房将成本毛利率确定为150%，则该点心每份的基准定价是

$$该点心总成本 = 30 \times 2.5 + 80 \times 1.5 + 60 \times 0.75$$
$$= 75 + 120 + 45$$
$$= 240（元）$$
$$点心单位成本 = 240 \div 200 = 1.2（元/份）$$
$$单位点心基准定价 = 1.2 \times (1 + 150\%)$$
$$= 3（元）$$

答：此款点心每份的基准定价为3元。

（2）销售毛利率法。销售毛利率法又称为内扣法或毛利率法，是以菜点的销售价格为基数定义的毛利率定价。其公式为

菜点基础价格＝菜点原料成本 ÷(1- 销售毛利率)

【例 8-2】 厨房做豆沙包，用面粉 500 克做 20 个豆沙包皮，300 克豆沙馅做 15 个馅心。面粉进价每千克 3 元，豆沙馅进价每千克 9 元，若厨房将销售毛利率确定为 45%，则每个豆沙包的基准定价为

$$豆沙包单位成本 =3 \times 0.5 \div 20+9 \times 0.3 \div 15$$
$$=0.075+0.18$$
$$=0.255（元）$$
$$豆沙包基准价格 =0.255 \div (1-45\%)$$
$$=0.46（元 / 个）$$

答：每个豆沙包的基准定价为 0.46 元。

另外还有些厨房根据成本系数、客人平均支出等因素确定基准价格。成本系数定价法是许多厨房经过对原料的反复加工和烹调实验，找出菜品的标准净料率和标准熟品率，从而确定成本系数（第七章已介绍）。成本系数定价法较为简便，在生产中被广泛应用。客人平均支出定价法是在计划人均消费额指标与顾客实际人均消费额相协调的基础上定价，并将菜品的成本控制在可盈利的范围之内。

3. 定价策略

正常情况下菜点的基础售价是保证企业基本利润的定价，但是在市场调节过程中，还要根据企业经营实际状况采用不同的定价策略。

（1）随行就市法。随行就市是将竞争同行的菜点价格移为己用，它是最简单的价格制定方法，也是企业经常使用的菜点定价方法。一般在同档次、同风味、相同经营模式的餐饮企业定价时，采用此种方法。此方法可以明显看出厨房纯利点的数值，做到心中有数。但应该注意的是，本厨房制作的菜点必须比同行的菜点优质，才具有竞争力。

（2）声望定价法。声望定价是以基础定价为起点，利用顾客对产品形象、品质的优良感觉和名望适当提高售价的定价方法。对于注重体现身份和地位的目标顾客，酒店的档次越高，产品定价越高，在一定的价格范围内，越受这些顾客的欢迎。但是当价格上扬到一定程度时，有可能造成需求的减少，其需求曲线如图 8-7 所示。所以采用声望定价法，关键问题是要准确掌握菜点的最高市场可接受价格，然后在这一价格幅度内尽可能定高价，以便获得更多的利润。

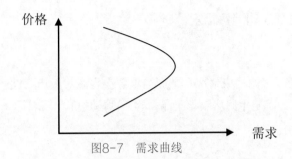

图8-7　需求曲线

（3）率先定价法。率先定价法是企业根据基础定价和某些菜点在菜单中的特殊作用进行定价的方法。例如，厨房菜单由于要照顾不同消费者的需求，往往同时生产低档和高档菜点，为了吸引顾客，将某些菜品的价格定得很低，甚至可能低于基础价，并加以大力宣传，目的是吸引顾客，顾客在享用此类菜点的同时也消费其他高价产品，可见这些菜点有着诱饵作用。

"诱饵菜"的选择十分重要，应该选择那些顾客熟悉并选用较多、做工简单且品质稳定的菜品，选择其他厨房虽有但本厨房产品价格更优惠的菜点。

总之，菜单定价要在定价目标和菜品生产成本的基础上，结合市场需求选择定价方法。定价时既要将计划人均消费额指标与目标顾客的实际消费水平相协调，又应将同类型产品在目标顾客愿意支付的价格范围内分出档次，采用灵活适用的方法制定价格。

第三节　菜　单　分　析

菜单分析是厨房生产运作管理的重要内容之一。通过菜单分析，可以了解菜品的销售情况，厨房生产的盈利情况，市场消费的价值趋向和菜点创新目标方向等问题，对厨房加工中二级（次级）原料的应用，厨师技术水平的评估、优秀人才的选拔和菜单的更新均有实际意义。

菜单分析方法有多种，分析指标主要有菜品的销售量、销售额、食品成本率、毛利额、净利额等。客源构成人均消费分析、ABC分析和菜单工程分析是目前厨房采用较多的简便可行、操作性强的三种分析方法。

━●一 客源构成及人均消费情况分析

1. 分析目的

了解酒店各餐厅客源构成情况，掌握当期各类客源对饭店餐饮营业额的贡献，进一步强化市场定位，从而确定本厨房菜单菜品内容，准确定价。

2. 分析要点

（1）各客源群实现的餐饮收入比。

（2）各餐厅客源人均消费额与该餐厅市场定位的比较。

（3）各厨房菜品规格、档次、种类定位。

3. 分析步骤（表8-1所示为某酒店不同菜单消费统计情况）

（1）按照宴会菜单、团队菜单及零点菜单等情况将各种菜单客源消费情况予以划分并记录汇总。

（2）将每种菜单客源的收入额与历史月（年）底比较，从中找出每种菜单客源市场的潜力。如果当月宴会菜单、团队菜单引发餐饮营业额大幅度上升，应鼓励和要求销售部大力推销团队、会议、婚宴市场；同时厨房要做好大宗相同原料的采购预订，批量菜品的预制加工，半成品的合理储存（容器容积要大），人员调班等生产准备。如果零点菜单有市场潜力，应提前计划下个经营期各类原料众多品种的采购，不同菜品种类的预制加工，半成品的存放（容器数量要多），人员配备等生产准备。

（3）根据公式计算出各餐厅的人均消费水平。通过餐厅人均消费水平检查顾客实际人均消费额是否在菜单策划的理想范围内，从而验证菜单的市场定位与顾客消费是否吻合。根据人均消费金额和人均菜品消费数量，调整菜单品种和菜品零售价格。

表8-1　客源构成及人均消费情况分析

单位：万元

项　　目	宴　　会	零　　点	团　　队	本 期 实 际
上期销售额	90	150	230	470
本期销售额	100	200	300	600
销售额构成比 /%	16.67	33.33	50	100

项　　目	宴　　会	零　　点	团　　队	本 期 实 际
本期客人数	5 000	12 500	25 000	42 500
本期人均消费额	0.02	0.016	0.012	0.014

4. 分析评价和对策

对客源市场的分析，可以帮助厨师长了解不同客源动态变化及客源潜力，便于对不同客源组织生产销售对策。如对不同客源的销售对策，对不同客源的菜品策划，对不同客源的个性化服务方式等。

对餐厅人均消费的分析，可以帮助菜单策划者掌握不同厨房的生产定位与实际消费人群定位是否一致；帮助厨房对不同消费者策划不同的菜单、使用不同的定价策略。如是否应调整高低档菜肴比例，是否应引入部分菜肴，是否应调整菜肴价格等。

▶三 ABC 分析法

菜单 ABC 分析法是借用管理学中的一种分析技法，它以菜品的销售额为指标，根据每种菜点的销售额百分比序列，累计将它们划分为 A、B、C 三组，并进行分析评价。

1. 分析目的

通过分析厨房每一菜品占菜品总销售额的百分比，掌握当期各菜品对厨房营业额的贡献，从而确定本厨房菜单菜品内容，确定营销策略。

2. 分析要点

（1）菜单中各菜品销售额之和。

（2）菜单中各菜品销售额占总销售额的百分比。

3. A、B、C 分析的步骤（表 8-2 所示为某高校学生食堂炒菜的目录）

（1）统计每种菜肴的销售份数，乘以单价，计算出每种菜肴的总销售额。

（2）求出每种菜肴的销售额在所分析菜品总销售额中所占的百分比。

（3）按百分比的大小，由高到低排出序列。

（4）按序列计算累加百分比进行分组。按惯例，A 组菜肴销售额占总销售额的 70%，B 组占 20%，C 组占 10%。

（5）通过对菜单菜肴的 A、B、C 分析，确定今后销售中应当加强推销的菜品以及应当裁减的菜品。

4. 分析评价和对策

A 组菜由于比较畅销，销售额比重较大，达到总销售额的 70%，是菜单上的主力菜，也可称为重点菜品。

B 组菜销售额比重居中，有的菜可能是过去的重点菜，有的菜肴通过促销也能成为未来的重点菜，这类菜也可称为调节菜。

C 组菜销售额较低，一些是滞销菜，还有一些可能是尚未打开销路的新产品。对于那些销路一直较窄，又没有什么特色或其他作用的，应将其从菜单上去掉，用其他菜品替代。

表8-2　菜单ABC分析法

品名	单价/元	销售份数/份	总销售额/元	销售额构成比/%	序列号	累计百分比/%	分数
1#菜	3.00	200	600.00	3.40	9	96.42	C
2#菜	2.50	1 100	2 750.00	15.60	3	56.37	A
3#菜	3.50	910	3 185.00	18.07	2	40.77	A
4#菜	6.00	50	300.00	1.7	11	100.00	C
5#菜	12.00	70	840.00	4.77	6	84.39	B
6#菜	2.00	400	800.00	4.54	7	88.93	B
7#菜	2.50	800	2 000.00	11.35	5	79.62	B
8#菜	2.00	360	720.00	4.09	8	93.02	C
9#菜	8.00	500	4 000.00	22.70	1	22.70	A
10#菜	11.00	30	330.00	1.87	10	98.29	C
11#菜	10.00	210	2 100.00	11.91	4	68.27	A
合　计		4 840	17 625				

由于每种菜肴的食品成本及售价不同，销售额指标并不能完全反映出菜品盈利能力的高低。但是在不了解菜单上各种菜的标准食品成本，只知道售价的情况下，ABC 分析法显得既方便又实用。

三 菜单工程分析法（ME 分析法）

菜单工程分析法是从客人对菜肴的欢迎程度和盈利能力两个角度，以菜品的适销指数和毛利额两个指标同时对菜品进行综合分析。

菜单策划的目的是获得更多的客人以及更多的收益，以毛利额评价菜品的盈利能力比食品成本率评价更具合理性。因为菜肴的食品成本率低并不表示盈利能力必定高，而菜肴所创毛利额高，尽管其食品成本率较高，但对实现企业经营目标更有实际意义。

1. 分析目的

通过分析菜肴的受欢迎程度，了解每款菜肴对企业利润的贡献，便于对菜单进行更正和取舍。

2. 分析要点

（1）每款菜品的畅销程度。

（2）每款菜品的毛利高低。

3. 分析步骤（表 8–3 所示为某酒店西餐厅菜单销售统计汇总）

（1）根据特定时间内菜单上某类菜肴的销售份数计算各自的畅销指数。畅销指数是某菜肴的销售份数除以每种菜平均应销售份数的值。

（2）根据菜品的标准成本、售价，计算各菜的毛利额，加权平均毛利额和食品成本率。

（3）根据国际惯例，以畅销指数 0.7 为界，对菜品进行畅销程度分类，即以平均畅销指数的 70% 为界限，超过畅销指数 0.7 为畅销菜肴，超过的越多，表明越畅销，而低于 0.7 的则为不畅销。以加权平均毛利额为界，对菜品进行盈利能力分类。某菜品的毛利额高于加权平均毛利额者，即为高利润菜。

（4）根据菜品的畅销程度和盈利能力情况对菜品进行综合分类和评价。一般可综合分为四种类型：畅销、高利润；畅销、低利润；不畅销、高利润；不畅销、低利润。

为了更直观、更方便菜品比较，可以以畅销指数为纵轴，以毛利额为横轴，建立坐标系，如图 8-8 所示，标定所分析菜目在坐标系中的位置。以畅销指数 0.7 和加权平均毛利额为中线，将坐标系分为四个区域，自然地把菜品划分为上述四种类型。根据营销学术语，处于坐标系四个区域的菜品可以分类命名为明星、耕牛、七巧板和狗。

表8-3　菜单工程分析法

序号	品名	销售份数/份	销售指数	单位成本/元	售价/元	单位毛利/元	成本合计/元	销售额/元	毛利额/元	畅销程度分类	盈利能力分类	综合评价分类
A	炸鱼条	135	1.5	20.00	35.00	15	2 700	4 725	2 025	畅销	不盈利	耕牛类
B	煎牛扒黑花椒少司	90	1.0	30.00	65.00	35	2 700	5 850	3 150	畅销	盈利	明星类
C	葱头汤	150	1.7	5.00	20.00	15	750	3 000	2 250	畅销	不盈利	耕牛类
D	比吉达猪排	80	0.9	15.00	40.00	25	1 200	3 200	2 000	畅销	盈利	明星类
E	莳萝烩海鲜	70	0.8	40.00	75.00	35	2 800	5 250	2 450	畅销	盈利	明星类
F	蒸填馅鸡腿	110	1.2	10.00	30.00	20	1 100	3 300	2 200	畅销	不盈利	耕牛类
G	红酒汁焖猪肉卷	90	1.0	20.00	45.00	25	1 800	4 050	2 250	畅销	盈利	明星类
H	烤羊排	75	0.8	35.00	60.00	25	2 625	4 500	1 875	畅销	盈利	明星类
I	焖比目鱼白酒汁	50	0.6	25.00	70.00	45	1 250	3 500	2 250	不畅销	盈利	七巧板类
J	普鲁旺斯小牛肉片	50	0.6	30.00	50.00	20	1 500	2 500	1 000	不畅销	不盈利	狗类
合计/平均		900					18 425	39 875	21 450			

加权平均毛利额=23.83

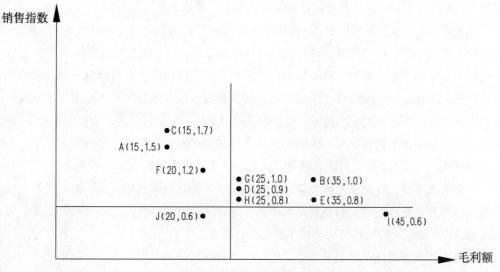

图8-8　菜单工程分析图

4. 评价与决策

将菜品综合分类后，即可根据所属类型以及具体情况进行评价与决策。

（1）明星类菜品。它们既畅销，又具有获取高利润的能力，是厨房获利的明星项目，可以作为特色菜或重点菜向顾客推荐。在菜单上要安排在最醒目的位置，厨房生产中要严格控制和稳定这类菜品的质量。

明星类菜品可以选择适当的机会尝试菜品需求的价格弹性，考察一下顾客是否愿意为这类菜中的某些品种支付更多的钱并且继续畅销。明星类中的超级星有时其价格敏感程度较其他的菜品都低。

（2）耕牛类菜品。此类菜品十分畅销但利润较低，这类菜往往起到吸引顾客的作用，从而促进其他菜品的销售，被称为需求的发动机。

耕牛类菜品既可以是菜单的领头菜目，也可以是特色项目。但要分析这类菜品的直接人工成本，以确定它的劳动力和技术密集程度。如果某一耕牛技能技巧要求高或费工费时，则要适当提高售价或降低标准成本，但不能有显著差别。但如果该菜品具有树品牌、占市场的作用，为增强竞争力，则应保持现行价格。

需要注意的是，无论是提高价格，还是改善毛利，均应根据（弹性）需求，分阶段适当进行。

（3）七巧板类菜品。有些教材将其称为问号菜品，这类菜品虽然不畅销但单位毛利额却较高。厨房每生产一份该类菜品并实现商品价值，都能产生较高利润。

菜品成为七巧板类的原因很多，有些可能是定价太高，名不符实；有些可能是定位不准，缺少顾客群；还有些可能是新推菜，还没有被顾客认识。菜单策划中要认真分析菜品成为七巧板类的原因，对于那些一直不畅销，并且制作成本较高、原材料难以保存、产品质量也不稳定的菜品，坚决从菜单上拿掉。对受欢迎程度较高，但价格弹性需求不敏感的菜品适当提高售价，以获取更高的利润。对暂时滞销的菜品，要分析原因，重新制定营销策略。有些七巧板菜品虽然销量很低，但能起到体现厨房生产水平，烘托餐厅气氛的作用，也称之为招牌菜。对这类菜既要限制其数量，还要精确估计其影响效果。

（4）狗类菜品。这类菜之所以称之为狗类，是因为它既不畅销，也不盈利或盈利能力较低。这类菜品应及时将它们从菜单上除掉，选择其他菜肴替代。当然某些狗类菜品可能有推销潜力，通过努力可能会成为耕牛或七巧板类菜。

菜单中各类菜之间是互相竞争的，但竞争最直接的是同类型菜品。在使用菜单工程分析法分析菜单时，要先将菜品按不同类别进行划分，对直接竞争的同类菜品进行分析。可见菜单工程分析，不是对菜单上所有的菜品分析，而是按类型、分菜式分别进行。例如，中餐菜肴可以分为四类：冷盘、热菜、汤类、面类。西餐菜肴可分六类：开胃品、汤类、色拉、主菜、甜食、饮料。菜单工程分析时，每次只对同一类菜品进行分析。

第四节 菜单内容及设计

菜单作为餐厅的产品目录和营销工具，在内容和形式上都要体现餐厅的经营特点。菜单要方便宾客使用，引导和促进顾客购买餐厅的产品和服务。

一 菜单内容

菜单的内容主要包括菜品的名称和价格，菜品介绍，餐厅声誉宣传。

1. 菜品名称

菜品名称直接影响顾客对菜品的选择，特别是当顾客未曾尝试过某菜，往往凭菜名去挑选。如果给菜品起个特别的名字，就会在人们头脑里产生一种特定的印象，也会引起人们不同的联想。因此，在给菜品命名时，一方面要尽量确切，另一方面要具有艺术性，因为菜品名称毕竟不是严格的科学命名。所谓确切真实，就是菜品的用料要与菜名相符合，不能使菜名显得故弄玄虚。菜品命名的一般方法主要有以下几种。

（1）以菜品特点为依据命名。这类菜名体现该菜所用原料、烹调方法、口味特点、质感特征。此方法直观形象，深受消费者欢迎，中、西式菜单中均常见此种方法命名，如软炸里脊、西红柿炒蛋等。

（2）以文化内涵为依据命名。这类菜名中蕴含着历史和人物典故、趣闻轶事。此方法将饮食与文化联系起来，消费者在享受美食的同时享受文化意境。中国有着深厚的饮食文化积淀，菜品命名中此方法也较为常见，如麻婆豆腐、叫花鸡、东坡肉等。

（3）约定俗成的菜品命名。这类菜名是在长期的餐饮实践中，从消费者习惯上一直沿用而形成的，如狮子头、火腿肉等。

对于大众化的餐厅或传统经典菜肴，应尽量采用顾客所熟悉的菜名，而特色餐厅或菜品，使用独特名称往往有助于获得成功。菜名的艺术性主要体现在雅致顺口、充满情趣、想象丰富和诱人品尝上。涉外餐厅菜单的外文菜名要拼写正确。

2. 菜品介绍

为了促进菜品的销售和提高宾客选菜的速度，菜单要给一些菜品配上文字介绍，说明菜品的主要原料、制作方法以及风味特点，有的菜单要注明分量。菜品介绍要简洁动人，以引起顾客的兴趣，促进顾客购买。菜单要着重介绍那些特色菜和高利润菜。

3. 餐厅声誉宣传

菜单是确立餐厅公众形象的理想工具，每个餐厅都有自己的特色、服务方式和历史，这一切都是制作菜单时可供利用的极好素材。

餐厅声誉宣传可以用文字介绍、图例佐证，可以宣扬悠久历史或特殊事件，也可以渲染其优美环境和风土人情；还有一种比较普遍的做法是宣扬餐厅的特色名菜，以此确立餐厅本色。通过富有创意的积极推销文字和生动逼真的图片提高餐厅的知名度，树立美好的公众形象。

声誉宣传还应包括一些告示性信息：餐厅名称、特色风味一般列在菜单封面；餐厅地址、电话号码、营业时间一般列于封底，有的菜单还附有餐厅的交通位置图等。

1949年10月1日中华人民共和国开国的第一宴在北京饭店宴会厅举行，北京饭店为纪念这一特殊的历史性事件，制作了"开国第一宴"的宴会菜单（见图8-9）。

图8-9　"开国第一宴"宴会菜单封面

前门全聚德烤鸭店以"天下第一楼"享誉海内百余年，新中国成立后，接待过众多元首政要、社会名流，其中，国宾级贵宾数就以百计。据此全聚德集团经过精心设计，向百姓隆重推出"名流宴"。图8-10所示为全聚德的"名流宴"菜单。

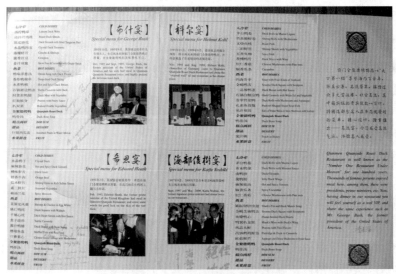

图8-10　全聚德"名流宴"菜单

二 菜目的布局

呈现在宾客面前的菜单，其形状各式各样、五花八门，不论是方形还是圆形，大号还是小号，单页还是折叠，菜目的布局一般都要符合就餐程序，方便顾客选择，突出主要菜式。

1. 菜目的排列次序

菜单通常按就餐程序排列菜目，中餐的进餐程序一般是冷菜→热菜→汤→点心等。所以，中餐菜单根据这一次序将菜品按照原料或烹饪方法分类排列。例如，中餐零点餐厅的午、晚餐菜单的排列程式可以是冷菜类→肉类→禽类→海鲜类→鱼虾类→蔬菜类→奶类→面饭、点心类。

西餐与中餐的进餐程序稍有不同，一般按照开胃菜→汤→主菜→甜点先后进行。所以，西餐午、晚餐菜目的排列次序通常按照开胃菜类→汤类→主菜类（海鲜、鱼虾、牛羊猪肉、禽）、蔬菜类→甜点、餐后饮料等依次排列。

2. 突出主要菜式

菜目的排列不仅要符合就餐程序，还要注意突出主要菜式，尽可能将重点菜、招牌菜安排在菜单的显要位置。

菜品的分布位置对其销售有很大影响。经大量的调查研究表明，单页菜单的中央部分，对拆菜单的右首页中央部位以及三折菜单的中心部位，一般最容易引起顾客注意，他们的目光首先并经常会停留在这些区域。因此，应设法将主要菜目安排在这些重点区域。如果因菜品分类排列顺序的限制而无法顾及的话，也应该将这些重要菜名以不同的字体或加框边及饰文，以引起宾客的重视。

不少饭店习惯对各类菜的菜品进行编号，以方便顾客点菜，这无疑是一种极好的做法。而宾客往往对各类菜品中的第一号菜特别注意，他们总觉得第一号菜应是这类菜中的佼佼者，而同类菜中的最后一道往往也会给人留下较深刻的印象。因此，这些也是在菜目编排过程中应充分利用的推销位置。

三 菜单的装潢设计

菜单的装潢设计是一项非常专业的工作，很多饭店专门聘请艺术设计师担此重任。无论如何，餐饮经营管理者应对菜单装潢制作的基本点有充分的了解。

1. 菜单的制作材料

制作材料是决定菜单外观质量的重要因素。菜单选材时既要考虑餐厅的类型与规格，也要顾及成本，并根据菜单的使用方式合理选择。

一般长期重复使用的菜单，要选择经久耐磨又不易沾染油污的重磅纸张。分页菜单，往往是由一个厚实耐磨的封面加上纸质稍逊的活页内芯组成。而一次性使用的菜单，一般不必考虑其耐磨、耐污性能，但并不意味着可以粗制滥造。轻巧单薄的纸上仍然可以印出高质量的菜单。许多高规格的宴会菜单，虽然一次性使用，但仍然要求选材精良，设计优美，以此来充分体现宴会服务的规格和餐厅的档次。

饭店应避免使用塑料和绸绢来作菜单封面，因为塑料易让人感到极其低廉；而绸绢装饰菜单，虽显得高雅华贵，但极易沾染污渍。

图 8-11 所示为几种采用特殊材料制作的菜单。

低碳式环保菜单

画卷式菜单

扇形菜单

屏风式菜单

图8-11　特殊材料制作的菜单

2. 菜单的规格尺寸

菜单的规格尺寸应与餐饮内容、餐厅的类型与面积、餐桌的大小和座位空间等因素相协调，要让宾客拿起来舒适，阅读方便。例如，零点餐厅的菜单，根据菜品内容的多少，相应地采用对折、三折或分页组合菜单。

美国餐厅协会对顾客的调查表明，菜单理想的尺寸为 23cm × 30cm，这样的尺寸顾客拿起来较为舒适。尺寸过大，拿起来不方便；尺寸过小，往往会因篇幅过小而文字过密，造成阅读困难。菜单文字所占的篇幅不应多于 50%，宽阔的空白可使字体突出，清晰易读。

3. 菜单的字体选择

选择菜单字体时要着重考虑如何让宾客易于辨认。大多数情况下要求铅字印刷且字迹清晰，也有一些菜单用手书写，但字迹必须娟秀、清楚。例如，中餐的宴会菜单往往用手写。另外，菜单上菜目类别的标题采用手写字体，这会给菜单平添几分色彩。

不论菜单采用哪一种字体，都要有大小之分。菜单的字体要使宾客在餐厅的光线条件下，特别是晚间的灯光下能清楚并轻松地阅读，一般汉字最小不可小于 4 号字，英文字母不可小于 12 号。

4. 菜单的色彩与插图

使用色彩与插图，可使菜单美观雅致，更能体现餐厅的特殊情调和风格。菜单的色彩可以采用黑色字体套印一种或多种彩色标题或图案；也可在菜单上加印一条宽幅的彩带；还有一个办法就是利用彩色纸。究竟套印几种色彩或选用什么颜色的纸张，要视成本和预期效果而定。套印的色彩越多，印刷成本就越高。

一般只能让少量文字印成彩色，如菜品的类别标题。如果菜单有大量的彩色文字容易引起视觉疲劳，而最容易辨读的是黑白对比色。若选用彩色纸，其底色不宜太深，否则不易辨读。

菜单封面的色彩要与餐饮内容和餐厅环境相协调。规格较高的正餐厅，通常选用淡雅优美的色彩，比如浅黄、浅褐、淡灰、天蓝等，也可点缀运用鲜艳色彩。而快餐厅通常运用明快鲜艳的大色块和五彩插图。一般餐厅的菜单也可用饭店建筑物或当地风景名胜的图面来装饰菜单封面。而婚宴、寿宴的菜单又要体现出喜庆色彩。图 8-12 所示为色彩鲜明的德国慕尼黑皇家啤酒屋菜单的封面与封底。

图8-12　德国慕尼黑皇家啤酒屋菜单封面与封底

本章案例

案例 8-1：菜单设计问题

1. 案例综述

张萌参考了一家星级饭店的中餐常规零点菜单，了解到如下情况。

① 菜单目录的排列顺序为冷菜、汤类、酒水、主食、热菜。

② 菜点品种的排列顺序是按照单位售价降序排列。

③ 在热菜类菜肴中，肉、禽、水产等品种的比例为 5 ∶ 3 ∶ 2。

④ 热菜的烹调方法中，炸、炒、烤的比例为 2 ∶ 7 ∶ 1。

⑤ 在菜单上的热菜品种中，当天可提供的菜品占总品种的 70%。

2. 基本问题

（1）该菜单存在哪些问题？

（2）针对出现的问题，如何进行改进？

（3）菜单策划的基本原则有哪些？

3. 案例分析与解决方案

（1）基本问题

① 菜单目录的排列顺序没有按照进餐的顺序排列。

② 菜点品种的排列顺序最忌讳按照单位售价有规律排列。

③ 热菜类菜肴品种的比例不合适，且缺少素菜。

④ 违反了加工烹饪方法平衡的基本原则，热菜的烹调方法比例不均衡，且缺少蒸、煮等类型。

⑤ 当天菜单上可提供的热菜品种占总品种的比例过少，容易给客人造成餐厅管理不善的印象。

（2）解决方法

① 菜单目录的排列顺序要按照进餐的顺序排列。该餐厅的菜单菜点排列顺序依次应为冷菜、热菜、汤类、主食、酒水。酒水也可以另行设计酒水单。

② 在每个类型中要随机排列，使客人尽可能全面地浏览菜点，保证选择余地，避免按照某种尺度简单过滤掉一些不符合条件的菜点。

③ 应按比例均衡的原则搭配各类型菜肴品种，尽可能适合各种人群的生理需要特点。

④ 要考虑菜品的外观、切配形状，如丝、片、丁、条、块、粒等所创造的刀口形状平衡，也要注意烹调方法（炸、炒、烤）形成的不同风味、不同口感的平衡。

⑤ 一般菜单上可提供的热菜品种占总品种的比例不小于50%～60%，如果有些菜肴受原材料影响，不能保证经常供应，则应调整到时令菜单，或按特色菜处理。

（3）策划菜单的基本原则

设计菜单的关键是要统筹兼顾，以达到实现企业经营目标和利润最大化的目的。

① 以市场需求为导向，准确定位。

② 注重菜点的创利能力，争取利润。

③ 注重名、特、优的招牌菜点设计，体现技术实力，增强竞争能力。

④ 菜点品种统筹规划，均衡搭配。包括菜点品种构成，原材料搭配方法，加工烹饪方法，每大类菜点价格，营养作用等方面的平衡。

案例 8-2：菜点定价问题

1. 案例综述

某菜的一份用量如下：A 种原材料 0.25 千克，每千克进货价格 7.50 元；B 种净料 0.75 千克，每千克成本为 10.50 元；C 种原材料 1.20 千克，每千克成本为 9.00 元，其原材料的净料率为 80%；D 种净料为 0.55 千克，每千克进货价格为 4.80 元，其原材料的损耗率是 15%。

2. 基本问题

（1）该菜的单位成本是多少？

（2）按照销售毛利率 65% 计算，该菜基础售价是多少？

（3）如何确定该菜的销售价格？

3. 案例分析与解决方案

（1）计算单位成本

$$单位成本 = \sum (A+B+C+D) \, 单位价格$$

$$=0.25 \times 7.50+0.75 \times 10.50+1.20 \times 0.8 \times 9.00+4.80/(1-0.15) \times 0.55$$

$$\approx 21.50（元/份）$$

（2）按照销售毛利率 65% 计算基础单位售价

$$单位售价 = \frac{单位成本}{1-销售毛利率}$$

$$=21.50/(1-0.65)$$

$$\approx 61.43（元/份）$$

（3）根据菜肴的具体情况确定售价

① 随行就市：如果该菜为大众化菜肴，销售价格确定为 61.50 元/份或在保证菜肴优质的前提下，与周边同档次、同风味、相同经营模式的餐饮企业同价，做到对获取的纯利点心中有数。

② 声望定价：如果该菜肴是本店独有的驰名菜，则在本店主要客户群可以接受的价格范围内，以 61.43 元/份为基础价适当提高价格，以便获得更多的利润。

案例 8-3：菜单实施策略问题

1. 案例综述

某企业组织老工人暑期疗养，人数 200，周期 10 天，一日三餐全部在疗养院内用。当疗养时间过半时，疗养院膳食科收到工人们的意见书，其中对餐厅饭菜供给意见的反映如下：① 开餐时，上菜速度慢，不能满足与会者同时进餐需要。② 有病号夜间要求客房送餐服务时，同样的面汤比白天在餐厅看到的零点菜单标价贵。③ 第四天开始每天的饭菜品种与前几天的品种完全相同，使客人感到菜品单调。

2. 基本问题

（1）针对客人的意见分析该疗养院的菜单存在哪些问题。

（2）针对客人的上述意见，如何改进？

（3）如何调整菜单实施策略？

3. 案例分析与解决方案

（1）基本问题

① 厨房对团队菜单生产的特点缺乏基本认识。

② 客房送餐菜单应该比零点菜单价格稍高，这是正常的。

③ 厨房采用的循环菜单策略周期偏短。

（2）解决方法

① 疗养院为客人提供的是团体包餐菜单。这种团队会议用餐菜单是厨房专门为各类会议、疗养等客源设计的菜单。虽然菜式品种较少，但需要同时大量生产和服务。出现上菜速度慢的原因是厨房备料、生产及餐厅服务没有提前考虑到"大批量"和"同时性"的特点，需要厨房在原料采购、人员安排、设备购置、生产能力等方面采取措施。

② 客房送餐菜单是专门为由于某些原因不能或不愿到餐厅就餐，要求在客房用餐的宾客设计的菜单。此类菜单由于需要特别注意菜品品质性状的稳定和特殊的运送服务，菜品价格的提高是正常现象。不用改变价格，但客人订餐时，应对客人说明。

③ 菜单实施策略主要有针对流动性宾客制定的固定菜单和针对旅游团队、会议包餐等长住客人制定的循环菜单。但是循环菜单周期的长短应根据市场特点决定。一般酒店的餐厅由于客人流动性大，循环菜单的周期可短些。此案例中为疗养型宾客，长住客人较多，循环菜单的周期应适当放长，避免相同的菜式过于频繁地出现。

案例 8-4：ABC 分析

1. 案例综述

欣欣饭庄的菜单已经很久没有更换了，厨师长注意到每天为开餐准备的原料总是有几种剩余，时间长了有些剩料甚至到了不扔不行的地步。可是厨师长不知道到底应该换掉哪些菜。正好餐饮管理专业的大学毕业生李蕾进店实习，厨师长让她运用学校学过的知识，提些建议。李蕾在不了解菜单上各种菜的标准食品成本，只知道售价的情况下，对热菜的销售数量进行了统计汇总，通过 ABC 分析，向厨师长提出建议。

2. 基本问题

（1）用 MS Excel 2003 建立热菜销售计算表。

（2）写出计算方法。

（3）谈谈分析结果。

3. 案例分析与解决方案

（1）热菜销售计算表

用 MS Excel 2003 建立热菜销售计算表，如表 8-4 所示。

表 8–4　MS Excel 2003 热菜销售计算表

热菜名称	单位售价	销售数量	销售收入	收入构成比	序号	累计百分比	分类
EE	21.75	369	8 025.75	13.86	1	13.86	A
BB	15.70	491	7 708.70	13.31	2	27.17	A
CC	14.40	522	7 516.80	12.98	3	40.15	A
JJ	11.50	546	6 279.00	10.84	4	50.99	A
DD	16.30	294	4 792.20	8.28	5	59.27	A
AA	12.40	379	4 699.60	8.12	6	67.38	B
FF	18.55	244	4 526.20	7.82	7	75.20	B
KK	12.55	315	3 953.25	6.83	8	82.03	B
HH	13.40	213	2 854.20	4.93	9	86.96	B
II	10.60	267	2 830.20	4.89	10	91.84	C
GG	17.50	160	2 800.00	4.84	11	96.68	C
LL	7.85	245	1 923.25	3.32	12	100.00	C
合计		4 045	57 909.15	100.00		100	

（2）计算方法

① 销售收入。

销售收入 = 单位售价 × 销售数量；在 D3 单元格输入公式：=B3*C3。

销售收入合计：各销售收入之和；在 D15 单元格输入函数：=SUM（D3：D14）。

② 收入构成比。在 E3 单元格输入公式：=(D3/$D$15)*100。

③ 序号。在 F3 单元格输入函数：=RANK(E3,$E$3:$E$14)。

④ 累计百分比。在 G3 单元格输入函数：=SUM($E$3:E3)。

⑤ 分类。在 H3 单元格输入函数：=IF(G3<=65,"A",IF(G3<=90,"B","C"))。

（3）分析

① ABC 划分：A 类 65%；B 类 25%；C 类 10%。

② A 类菜肴：BB、CC、DD、EE、JJ，这些菜肴是经营重点。

③ B 类菜肴：AA、FF、HH、KK，这些菜肴要给予适当重视。

④ C 类菜肴：GG、II、LL，这些菜肴对厨房营业额的贡献不大，很长时间以来一直滞销。

通过分析厨房每一菜品占菜品总销售额的百分比，厨师长掌握了近期各菜品对厨房营业额的贡献，从而决定将滞销菜 GG、II、LL 从菜单上换掉，再加进去几款当今的适销菜。

案例 8-5：菜单设计失误

1. 案例综述

北京的夏季比较闷热，每年这个季节都有酒店搞冰激凌推广活动且都比较成功。今年新景大酒店第一次参加冰激凌推广，新任行政总厨杨洋特意设计了几款比较特殊的冰激凌。其中比利时沃夫冰激凌和椰浆西米冰激凌就是两款高档产品。他希望以此拉动酒店销售额的提升。

沃夫冰激凌使用的沃夫饼虽然本厨房不能制作，好在可以直接从供应商处购置，加工时解冻即可；椰浆西米冰激凌是将从海南运来的带皮椰子劈开，配上西米和冰激凌制成的。

进行冰激凌推广活动后，接二连三接到客人的投诉，经过信息汇总发现投诉基本集中在上述两款冰激凌，客人投诉的主要问题：① 沃夫冰激凌等待时间太长，有时要超过 30 分钟，且沃夫饼不脆，口感太差；② 椰浆西米冰激凌椰壳不新鲜，有的已经有霉斑，不卫生。

2. 基本问题

（1）分析该案例在厨房管理中的失误点。

（2）两款冰激凌在生产设计上有何欠缺？

（3）面对上述情况，厨房应如何应对？

3. 案例分析与解决方案

（1）失误点在菜单设计上

菜单设计中对厨房技术水平不具备、设备设施不具备、原料保障不具备的产品需要谨慎。上述两款冰激凌均有原料特殊、需要外购的情况，杨洋忽视了外购原料对产品质量和销售的影响因素。

（2）冰激凌设计上的失误

① 虽然沃夫饼可直接购置，减轻了厨房生产负担，但销售冰激凌时需要临时化冻沃夫饼，延长了客人等候时间。

② 化冻的沃夫饼脆性减弱，影响了客人口感的认同。

③ 鲜椰子冰激凌在短途运输椰子的南方销售可能会效果不错，但经过长途运输到北方，会使椰子表皮因碰撞摩擦而损坏，经碰撞摩擦损坏的表皮一方面外观受到影响，同时在闷热的夏天也增加了表皮霉变产生黑斑的可能，造成成品缺憾。

（3）厨房处理该案例的方法

菜单策划固然要注重菜品盈利能力，争取利润，但同时要体现本厨房技术实力，发挥本店技能特长。对技术水平不具备、设备设施不具备、原料保障不具备的畅销产品，要坚决从菜单上拿掉，否则将造成顾客的不满和失望，给企业带来名誉上的损失。

应该暂时停止上述两款冰激凌的销售，待生产技术问题、运输保障问题、原料保存问题解决后再销售。

案例 8-6：菜单设计——菜品名称

1. 案例综述

2013 年新年的钟声伴随着"国八条""禁酒令"准时敲响，而各大高星级酒店和中高档社会餐饮企业却纷纷卷入"退餐潮"。面对改革开放三十多年来最为严重的"退餐潮"，以公款招待、政府接待为主的某五星级酒店及时推出了 700 元 / 桌（10 人量）的"百姓家宴"，以应对餐饮市场的风云变化。

百姓家宴需要设计新的菜单，菜点的选择也必须平民化。可五星级酒店的菜单上出现西红柿拌白糖、龙须菜、锅巴、银耳等普通原料制作的大众菜，传出去好听不好看，因此在菜点的取名上设计者们花费了许多心思，于是"火烧云""竹报平安""步步高""美景常在"登上了菜单。

2. 基本问题

（1）该酒店百姓家宴菜单策划是否可取？为什么？

（2）评价该百姓家宴菜品命名的利弊。

（3）百姓家宴菜单设计和菜品命名应注意什么？

3. 案例分析与解决方案

（1）经过半年的实践证明，百姓家宴的菜单策划彻底失败。究其原因，第一，菜点策划定位失误，即普通消费者根本不相信五星级酒店能策划 700 元 / 桌的百姓宴席。第二，百姓家宴立足点不错，但宣传手段单一。现阶段从报纸上获得信息的人，其比例越来越少。而互联网、音视频齐头并进的立体式宣传，传播快、效率高，这一点却被经营者忽视。第三，也是最重要的是该菜单使多数消费者看不懂菜品的内容，因而不敢冒然涉足。

（2）该菜单菜点命名的方法有亲民、喜庆、神秘的优点，但菜单设计使客人既不知菜品原料、烹调方法、口味特点和质感特征，也没有约定俗成、人物典故的暗示，不免让消费者有一种心理没谱、不敢亲近的感觉。百姓家宴应该尽量采用百姓所熟悉的菜名，让消费者心中有数，一目了然，心里踏实。

（3）"国八条""禁酒令"的颁布，禁的是公款吃喝，堵的是铺张浪费，五星级酒店应该找准客人定位，向就餐环境、优质服务、烹调技术、劳动效率要效益。在菜单设计上注意选择使用大众原料、彰显本店烹调技术、有本店特色的菜品，在菜品命名上注意尽量使用百姓熟悉、妇孺皆知、内涵丰富、寓意美好的菜名。

■本章实践练习

1. 策划本校某食堂菜单并对其进行 ME 分析。

2. 尝试着为本校学生食堂进行菜单定价。

3. 设计本校某零点餐厅的菜单。

参 考 文 献

[1] 袁新宇，胡志强. 厨政管理基础. 成都：四川大学出版社，2003

[2] 马开良. 现代厨房管理. 北京：旅游教育出版社，2003

[3] 中华人民共和国卫生部. 餐饮业和集体用餐配送单位卫生规范，2005

[4] 李茂森. 饮食建筑设计规范（JGJ 64-89）. 北京：中国旅游出版社，2011

[5] 冷库设计规范（GBJ72-84），2010

[6] 中华人民共和国卫生部. 餐饮业食品卫生管理办法，2000

[7] 建筑设计防火规范（GB50016-2006）

[8] 高层民用建筑设计防火规范（GB50045-95）

[9] 绿色建筑设计标准（DB11/938-2012）